FORSCHUNGSBERICHTE DES LANDES NORDRHEIN-WESTFALEN

Herausgegeben
im Auftrage des Ministerpräsidenten Dr. Franz Meyers
von Staatssekretär Professor Dr. h.c. Dr. E.h. Leo Brandt

DK 667.622:541.18.05
667.622:536.421.5

Nr. 1046

Dr. Robert Haug

Forschungsinstitut für Pigmente und Lacke e. V. Stuttgart

Die Bestimmung des Agglomerationszustandes von trockenen und dispergierten Pigmenten und dessen Zusammenhang mit anwendungstechnischen Eigenschaften

Springer Fachmedien Wiesbaden GmbH
1961

ISBN 978-3-663-19961-8   ISBN 978-3-663-20307-0 (eBook)
DOI 10.1007/978-3-663-20307-0

Gliederung

- I. Der Agglomerationszustand trockener Pigmente ...... S. 5

- II. Der Agglomerationszustand der Pigmente in organischen Lösungsmitteln .... S. 13
  1. Literaturüberblick und Versuchsdurchführung ..... S. 13
  2. Das Sedimentationsverhalten der Pigmente in reinen Lösungsmitteln bei verschiedenen Temperaturen S. 18
  3. Sedimentationsverhalten einiger Pigmente in binären Flüssigkeitsmischungen .... S. 20
  4. Einfluß des Zusatzes von organischen Säuren ..... S. 20

- III. Untersuchung der Agglomeration der Pigmente mit Hilfe einer automatischen Sedimentationswaage .... S. 27
  1. Versuchsmethodik .... S. 27
  2. Einfluß der Dispergierungsmethoden .... S. 32
  3. Einfluß von okkludierter Luft .... S. 33
  4. Einfluß der Polarität der Lösungsmittel .... S. 35
  5. Einfluß des Feuchtigkeitsgehaltes eines Pigmentes bzw. des Suspensionsmittels auf den Agglomerationszustand der Pigmente .... S. 36
  6. Einfluß von aktiven Gruppen in oberflächenaktiven Stoffen oder in Bindemitteln auf die Agglomeration der Pigmente .... S. 38
  7. Über die wirkliche Größe der Agglomerate ...... S. 43

- V. Zusammenfassung .... S. 45

- Literaturverzeichnis .... S. 47

I. Der Agglomerationszustand trockener Pigmente

Pulverförmige Festkörper, wie sie die Pigmente darstellen, nehmen, wenn sie trocken in ein Gefäß geschüttet werden, ein wesentlich größeres Volumen ein, als ihrem wahren Volumen entspricht. Dies hat seinen Grund darin, daß die einzelnen Teilchen, die Primärteilchen, an einzelnen aktiven Stellen sich gegenseitig anziehen, und da diese Anziehungskräfte sich in allen möglichen Richtungen auswirken und keine Richtung bevorzugt wird, entstehen unregelmäßige Anhäufungen von Teilchen, welche man als Agglomerate bezeichnet. Diese Sekundärteilchen bilden so ein lockeres und sperriges System.

Man hat diese Eigenart der pulverförmigen Festkörper dazu benützt, sie zu charakterisieren und bei der Herstellung die einzelnen Fabrikationsansätze miteinander zu vergleichen, indem man das sogenannte Schüttvolumen bestimmte, also das Volumen eines in ein würfelförmiges Gefäß lose eingeschütteten Pulvers [1]. Es hat sich aber gezeigt, daß das Schüttvolumen keine gut reproduzierbare Kenngröße ist.

Durch Rütteln oder Stampfen kann das Volumen verringert und die Pulvermasse verdichtet werden. Es war anzunehmen, daß es durch einen maschinellen Vorgang möglich sein würde, das Pigmentpulver in einen definierten verdichteten Zustand überzuführen. Von E.A. BECKER [2] wurde deshalb ein Apparat konstruiert, durch welchen die Pigmente in definierter Weise gestampft werden, das sogenannte Stampfvolumeter. Das Prüfverfahren wurde inzwischen unter DIN 53 194 genormt.

Da es für die Untersuchung und Kennzeichnung von pulverförmigen Feststoffen und besonders von Pigmenten in Pulverform nur wenige Methoden gibt, erschien die Bestimmung des Stampfvolumens als eine geeignete und einfache Methode, um den Agglomerationszustand der Pigmente festzustellen. Die Messungen wurden mit dem Stampfvolumeter der Firma J.J. Engelsmann, Mannheim, durchgeführt. Daneben wurden noch zahlreiche andere Stampfversuche unternommen, über die jedoch nur die wichtigsten Ergebnisse mitgeteilt werden sollen.

Diese ließen sich folgendermaßen zusammenfassen:

1. Das Stampfvolumen blieb nach höchstens 3 000 Stößen, oft schon nach 2 000 bzw. 1 000 Stößen konstant.

2. Bei Verwendung kleinerer Meßzylinder (50 ml anstatt 250 ml) lagen die Werte durchweg höher.

3. Die erhaltenen Stampfvolumenwerte lagen durchschnittlich höher, wenn sich das Stampfvolumeter bzw. der Meßzylinder auf einer dämpfenden Unterlage aus Filz oder Schaumgummi befanden. Solche Unterlagen, etwa zur Dämpfung des Lärms, dürfen nicht angewendet werden, weil sie die Reproduzierbarkeit der Ergebnisse beeinträchtigen würden.

4. Manche Pigmente bilden im ungesiebten Zustand Knollen, welche durch das Stampfen nicht zerkleinert werden können, so daß man zu hohe Werte erhält. Man sollte deshalb nur vorher frisch gesiebte Pigmente verwenden.

5. Der Einfluß von verschieden großen Einwaagen war gering.

6. Auch der Einfluß einer vorhergehenden Trocknung war nicht groß. Jedoch sollte man grundsätzlich die Pigmente vorher trocknen.

Die folgende Tabelle 1 gibt einen Überblick über die mit dem Engelsmann-Stampfvolumeter erhaltenen Einzelergebnisse. Zum Verständnis der Zahlenwerte seien noch folgende Angaben gemacht, soweit sie sich nicht ohne weiteres aus der Tabelle ergeben:

Die Versuche wurden mit einem Glaszylinder und einem Messingzylinder durchgeführt, welcher in seinen Abmessungen und in seinem Gewicht (272 g, innerer ⌀ 37,5 mm, Höhe 250 mm) dem Glaszylinder vollkommen entsprach. Der Messingzylinder konnte durch einen Draht geerdet werden, und so konnten etwaige elektrische Aufladungen abgeleitet werden. Im allgemeinen lagen die mit dem Messingzylinder erhaltenen Werte für das Stampfvolumen etwas niedriger, ausnahmsweise aber auch manchmal höher, so daß im ganzen gesehen, nicht anzunehmen ist, daß die Stampfvolumenwerte durch das Auftreten elektrostatischer Aufladung merklich beeinflußt werden.

Bei Messungen mit einem Fadenelektrometer treten zum Beispiel bei Zinkweiß Ladungen auf, wenn das Pigment aufgeschüttelt und in den Zylinder eingeschüttet worden war. Während des Stampfens gingen jedoch die Ladungen langsam gegen 0 zurück, welcher Wert nach 3 000 Schlägen erreicht wurde. Ähnlich verhielt es sich mit Sieglerot 1.

In der zweitletzten Spalte der Tabelle 1 ist die Pigmentvolumenkonzentration (PVK) angegeben. Dieser Ausdruck stammt vor W.K. ASBECK [3] und gibt den Gehalt des Anstrichfilms an Pigmenten in Volumenprozenten an:

Tabelle 1

Nr.	Pigment	Trocknung	Sieb Masch/cm²	Zylinder	Einwaage	Stampfvol. ml/100 g	d	PVK	A_k
1	Bleicyanamid DK 825	-	10 000	Glas Messing	100 100	86 83	6,27	19.0	2,75
2	Bleimennige rein	-	3 600	G M	100 100	30 29	8,97	37.8	1.4
3	Bleimennige V 40	-	6 400	G M	100 100	38 36,5 (36)	6,21	43.2	1.2
4	Chromgelb 750	5 h Vak. 70°	6 400	G M	100 100	109 107	5.98	15.4	3.4
5	Chromoxyd-grün RN	-	6 400	G M	100 100	97 96	5.11	20.3	2.6
6	Eisenoxydgelb rein (R)	- 5ʰ 105°C	10 000 10 000	G M G M	50 50 50 50	222 232 222 214	4.0	11.0 11.4	4.76 4.6
7	Eisenoxydgelb 920	-	4 900 3 600	G M G M	40 40 40 40	315 310 290 290	4.1	7.8 8.4	6.7 6.25

Tabelle 1 (1. Fortsetzung)

Nr.	Pigment	Trocknung	Sieb Masch/cm²	Zylinder	Einwaage	Stampfvol. ml/100 g	d	PVK	A_k
8	Eisenoxydrot rein (R)	-	10 000	Glas	37	340	4.83	7.1	7.4
				Messing	37	330			
9	Eisenoxydrot 130 F	-	6 400	G	100	129	5.04	15.3	3.4
				M	100	131			
		5ʰ 105°C	6 400	G	100	128		15.6	3.36
				M	100	126			
10	Eisenoxydrot 130 F: Schwerspat 60:40	-	10 000	G	100	97	4.7	21.3	2.46
				M	100	94 (96)		22.2	
11	Eisenoxydrot 140 F	-	10 000	G	100	118	5.03	17.2	3.0
				M	100	112			
12	Farbruß FW 1	-	-	G	13	1400	1.8	4.0	13.1
				M	13	1380			
		5ʰ 105°C	-	G	12	1490		3.8	13.8
				M	12	1410			
13	Graphit (Lamellen-19 868)	-	10 000	G	50	208	2.3	21.6	2.4
				M	50	194			
14	Graphit (Puder)	-	10 000	G	100	162	2.18	28.8	1.8
				M	100	157			

Tabelle 1 (2. Fortsetzung)

Nr.	Pigment	Trocknung	Sieb Masch/cm²	Zylinder	Einwaage	Stampfvol. ml/100 g	d	PVK	A_k
15	Leichtspat	-	10 000	Glas	100	104	2.52	38.0	1.4
				Messing	100	106			
16	Miloriblau	-	576	G	75	213		23.7	2.2
				M	75	235	1.88		
		15ʰ Vak.	576	G	70	214		25.0	2.1
				M	70	210			
17	Quarzmehl W 100	-	10 000	G	100	82	2.64	47.0	1.1
				M	100	79,5			
	" W 150	-	10 000	G	100	87.0		43.2	1.2
				M	100	86.0			
	" W 200	-	10 000	G	100	113.0		33.0	1.6
				M	100	117.0			
	" W 250	-	10 000	G	100	118.0		31.8	1.65
				M	100	120.0			
18	Schwerspat	-	10 000	G	100	45.0	4.27	52.0	1.0
				M	100	45.0			
19	Siegle-Rot	15ʰ Vak.	576	G	30	180	1.44	38.6	1.35
				M	30	179			
20	Talkum	-	10 000	G	100	118	2.76	31.0	1.7
				M	100	116			

Tabelle 1 (3. Fortsetzung)

Nr.	Pigment	Trocknung	Sieb Masch/cm²	Zylinder	Einwaage	Stampfvol. ml/100 g	d	PVK	A_k
21	Titandioxyd A	20ʰ Vak.	576	Glas Messing	50 50	148 148	3.78	17.8	2.94
22	Titandioxyd A: Farbruß FW1=9:1	20ʰ Vak.	576	G M	50 50	274 276 (273)	3.41	10.7	4.9
23	Titandioxyd A: Miloriblau = 9:1	5ʰ Vak.	576	G M	50 50	172 172 (155)	3.44	16.9	3.1
24	Titandioxyd A: Sieglerot=9:1	15ʰ Vak.	576	G M	100 100	180 179 (151)	3.26	17.0	3.1
25	Titandioxyd R	4ʰ 106°C	4 900	G M	100 100	135 125	4.21	18.2	2.87
26	Titantioxyd R: Farbruß FW1=9:1	20ʰ Vak.	576	G M	50 50	274 276 (257)	3.72	9.8	5.35
27	Titandioxyd R: Miloriblau = 9:1	5ʰ Vak.	576	G M	100 100	115 111 (139)	3.75	23.6	2.2
28	Titandioxyd R: Sieglerot=9:1	15ʰ Vak.	576	G M	100 100	150 150 (135)	3.54	18.8	2.8
29	Zinkstaub	-	10 000	G M	100 100	37 40	6.42	42.0	1.25
30	Zinkweiß RS	-	6 400	G M	70 70	147 153	5.59	11.9	4.4

also PVK = $\left[\dfrac{\text{Volumen der Deckpigmente + Volumen der Füllstoffe}}{\text{Volumen der Deckpigmente + Füllstoffe + Volumen der nichtflüchtigen Bindemittelbestandteile}}\right] \cdot 100\ \%$

Der Begriff läßt sich sinngemäß auch auf trockene Pigmente, auf Pigmentpasten und auf Bodensätze von Pigmenten anwenden, indem das wahre Volumen des Pigments in das Verhältnis zu dem Gesamtvolumen des Systems gesetzt wird. Die PVK des Stampfvolumens ist demnach

$$\text{PVK}_{\text{Stampfvolumen}} = \dfrac{\text{wahres Pigmentvolumen}}{\text{Stampfvolumen}} \cdot 100\ \%$$

Die Pigmentvolumenkonzentration (PVK) gibt nun schon einen gewissen Anhaltspunkt über den Agglomerationszustand der Pigmente, eine hohe PVK bedeutet, daß ein Pigment wenig agglomeriert ist und umgekehrt. Noch einfacher aber kann der Agglomerationszustand der Pigmente durch folgende Überlegung dargestellt werden:

Durch die Aufteilung eines kompakten festen Stoffes in den pulverförmigen Zustand entsteht eine große Zahl von Teilchen, von denen jedes durch eine im wesentlichen konvexe, jedoch unregelmäßige Oberfläche abgegrenzt wird. Die Teilchen können infolgedessen nicht mehr so zusammengefügt werden, ohne daß Zwischenräume entstehen, welche mit einem anderen Stoff, wie etwa Luft oder Lösungsmittel, erfüllt sind.

Würden die Pigmentteilchen aus lauter gleichen Kugeln bestehen, dann könnten sie je nach der Packung folgende Höchstwerte für die Volumenkonzentration bzw. PVK annehmen (siehe Tab. 2), [4].

T a b e l l e 2

Art der Packung	Zahl der Berührungspunkte	PVK = Volumenkonz. in %	Porosität in %
Tetraedrisch	4	34.0	66.0
Kubisch	6	52.4	47.6
Orthorhombisch	8	60.5	39.5
Tetragonal-Sphärisch	10	69.8	30.2
Rhomboedrisch	12	74.0	26.0

Die lockerste Kugelpackung ist die tetraedrische. Wie man aus der Tabelle 1 sieht, wird sie von mehreren Pigmenten, wie Bleimennige, Bleimennige V 40, Leichtspat, Quarzmehl (z. Teil), Schwerspat, Sieglerot und Zinkstaub, erreicht bzw. übertroffen, dagegen wird die kubische Packung nur vom Schwerspat fast erreicht. Die Packung der übrigen Pigmente beim Stampfvolumen ist also weniger dicht, als der kubischen Packung entspricht.

Man kann nun die PVK der agglomerierten und nicht agglomerierten Pigmente mit der kubischen Packung vergleichen, indem die Pigmente bzw. die Agglomerate als kugelförmig aufgefaßt werden; während aber die "Kugeln" der nicht agglomerierten Pigmente im wesentlichen vollkommen mit Masse erfüllt sind, stellen die Agglomerate "Kugeln" dar, welche mit Luft erfüllte Hohlräume einschließen. Es läßt sich dann ein Agglomerationsgrad in bezug auf die kubische Packung (A_k) definieren als das Verhältnis der der kubischen Packung entsprechenden PVK zu der dem Stampfvolumen entsprechenden PVK:

$$A_k = \frac{PVK_{kub.\ P}}{PVK_{St.V.}} = \frac{52,4}{PVK_{St.V.}}$$

Der Agglomerationszustand eines nicht agglomerierten Pigments ist dann = 1 und ist umso höher, je stärker ein Pigment agglomeriert ist.

Man erkennt ohne weiteres, daß im trockenen Zustand Schwerspat, Bleimennige, Quarzmehl und Leichtspat nicht oder nur wenig agglomeriert sind, während zum Beispiel die Eisenoxydpigmente und besonders Ruß stark agglomeriert sind.

Pigmente, welche ihrer Struktur nach von der Kugelform stark abweichen, erscheinen naturgemäß als stärker agglomeriert wie z.B. das nadelförmige Bleicyanamid, das monokline Chromgelb und das in drei verschiedenen Formen vorkommende Zinkweiß [5]. Aus elektronenmikroskopischen Untersuchungen ist bekannt, daß sich die Ruße in kettenförmigen Strukturen anordnen, weshalb sie als besonders stark agglomeriert erscheinen [6].

Bei Quarzmehl nimmt der Agglomerationsgrad entsprechend der größeren Feinheit zu. Interessant ist auch der Vergleich zwischen Milori-Blau und Ruß. Während die Primärteilchengröße beider Pigmente etwa in der gleichen Größenordnung liegen (ca. 20 mµ bei Ruß und 40 bis 100 mµ bei Milori-Blau) erscheint das Milori-Blau als kaum agglomeriert. In Wirklichkeit muß auch das Milori-Blau aus Agglomeraten bestehen, jedoch sind diese Agglomerate sehr dicht. Daher erklärt sich auch die harte Textur des Milori-Blaus.

In der Praxis kommt es selten vor, daß in einem Anstrichmittel nur ein einziges Pigment verwendet wird. Viel häufiger sind Pigmentmischungen. Man könnte sich vorstellen, daß sich in binären Pigmentmischungen die Agglomerate des einen Pigments in die Zwischenräume der Agglomerate des anderen Pigments packen, so daß ein geringeres Stampfvolumen zustandekommt als der Summe der Stampfvolumina beider Pigmente entspricht. Deshalb wurden auch die Stampfvolumina einiger Pigmentmischungen bestimmt. Vergleicht man die mit den Mischungen erhaltenen Pigmentvolumina mit den aus den Mischungsverhältnissen berechneten Werten (in Klammern angegeben), dann erkennt man, daß die praktisch gefundenen Stampfvolumina entweder gleich den berechneten sind oder sogar noch etwas höher liegen, mit Ausnahme der Mischung Titandioxyd R : Milori-Blau = 9 : 1. Durch die Mischung der trockenen Pigmente werden die Agglomerate der einzelnen Pigmente kaum verändert im Gegensatz zu einer gemeinsamen Anreibung von Pigmentmischungen in Bindemitteln. F.B. STIEG und D.F. BURNS [7] konnten zeigen, daß bei bestimmten Mischungsverhältnissen von Titandioxyd R mit bestimmten Füllstoffen eine bedeutende Packungsverdichtung eintreten kann.

Beim Transport der Pigmente in Trommeln oder Fässern bildet sich durch rollende Bewegungen ein Teil des Inhalts zu Knollen aus. Es wurde bereits darauf hingewiesen, daß diese Knollen vor der Bestimmung des Stampfvolumens durch Absieben entfernt werden sollten. Der Grund liegt darin, daß die PVK dieser Knollen wesentlich höher ist als diejenige des Stampfvolumens. Sie beträgt z.B. bei Titandioxyd RN 31,2 bis 44,4 % PVK-Stampfvolumen 18,2 %) und bei Eisenoxydgelb 9,8 bis 15,7 % (dagegen PVK-Stampfvolumen 8,1 %).

II. Der Agglomerationszustand der Pigmente in organischen Lösungsmitteln

1. Literaturüberblick und Versuchsmethodik

Bei der praktischen Anwendung werden die Pigmente in Bindemitteln dispergiert, welche entweder in organischen Lösungsmitteln gelöst oder selbst in Wasser in Form von Tröpfchen dispergiert sind (Kunststoffdispersionen und Emulsionsbindemittel) oder durch Druck und Wärme soweit in einen plastischen Zustand gebracht werden, daß die Pigmente ohne weitere flüssige Hilfsstoffe eingearbeitet werden können. Der häufigste Fall in der Lackindustrie ist jedoch der, daß die Pigmente in Bindemittellösungen dispergiert werden. Die Bindemittel werden hierbei in organischen Lösungsmitteln gelöst. Die Frage war deshalb naheliegend: Wie verhalten sich die Pigmente in den organischen Lösungsmitteln ohne Bindemittel?

Wenn pulverförmige Stoffe wie Pigmente in Flüssigkeiten suspendiert werden und die Größe kolloider Teilchen überschreiten, setzen sie entweder schnell ab und bilden Bodensätze, deren Volumina in einem Schüttelzylinder gemessen werden können und als Sedimentvolumina angegeben werden. Die Sedimentvolumina von schnell absetzenden Stoffen sind hoch, und die Stoffe erscheinen grobflockig. Oder die pulverförmigen Stoffe setzen in Flüssigkeiten langsam ab, die Flüssigkeiten sind dann oft lange Zeit trübe, die niederfallenden Teilchen sind sehr fein, und das Endvolumen des Bodensatzes ist klein.

Solche Sedimentationsversuche sind schon häufig und von zahlreichen Beobachtern durchgeführt worden, die wichtigsten Arbeiten sind im Literaturverzeichnis genannt [8 bis 14].

In neuester Zeit haben K.L. WOLF und seine Mitarbeiter [15 bis 19] sehr eingehende Untersuchungen über die Sedimentation von festen pulverförmigen Stoffen, insbesondere von anorganischen Salzen, in Flüssigkeiten durchgeführt.

Sie führten die verschiedenen Erscheinungen bei der Sedimentation (Absetzgeschwindigkeit, Sedimentvolumen und Struktur der Sedimente) auf die Wechselwirkungen der zwischenmolekularen Kräfte zwischen Flüssigkeit und Festkörper zurück. Ein hohes Sedimentvolumen bildet sich aus, wenn Ionenbindungen enthaltende oder in Ionengittern aufgebaute Pulver in unpolaren Flüssigkeiten (gesättigte Kohlenwasserstoffe, Benzol oder Tetrachlorkohlenstoff) suspendiert werden, das Sediment bildet sich in diesem Falle sehr schnell und ist von grobflockiger Struktur. Wenn dagegen in Ionengittern aufgebaute Feststoffe in polaren Flüssigkeiten suspendiert werden, bei welchen die polare Gruppe leicht zugänglich ist, wie es z.B. in Flüssigkeiten wie aliphatischen Aminen und Alkoholen der Fall ist, dann bilden sich die Sedimente sehr langsam, die Flüssigkeit bleibt deshalb oft lange Zeit trübe, das resultierende Sedimentvolumen ist klein, die sedimentierten Teilchen selbst sind feinkörnig und leicht beweglich. Ein in der Mitte zwischen diesen beiden Extremen liegender Zustand bildet sich aus, wenn zwar die Suspensionsflüssigkeit polare Gruppen enthält, bei denen jedoch diese durch ihre Lage im Flüssigkeitsmolekül schwer zugänglich ist. Solche Fälle liegen z.B. bei Estern, Ketonen und Äthern vor.

Wenn zu unpolaren Suspensionsflüssigkeiten geringe Mengen grenzflächenaktiver Stoffe gegeben werden, wird die Sedimentation stark beeinflußt, und es wird meist ein wesentlich niedrigeres Sedimentvolumen erhalten. K.L. WOLF bezeichnet solche Stoffe als sedimentaktiv. Die Wirkung dieser Stoffe beruht auf ihrer Anreicherung an der Grenzfläche zwischen Feststoff/Flüssigkeit, und es konnte von ihm eine Beziehung zwischen der Langmuirschen Adsorptionsisotherme und dem Sedimentvolumen abgeleitet werden [15 bis 17, 19].

K.L. WOLF und R. WOLFF fanden, daß der Sedimentationsvorgang temperaturabhängig ist, daraus ergab sich die Möglichkeit, Adsorptionswärmen zu berechnen [18, 19].

Die Temperaturabhängigkeit der Sedimentationsgeschwindigkeit wirkt sich so aus, daß bei unpolaren Flüssigkeiten als Suspensionsmedium die Sedimentationsgeschwindigkeit mit der Zunahme der Temperatur abnimmt, während es sich bei polaren Flüssigkeiten umgekehrt verhält [23].

Der Absetzvorgang kann in zweierlei Weise vor sich gehen: die Trennung zwischen den Festteilchen und der Suspensionsflüssigkeit kann gut sichtbar vom Flüssigkeitsspiegel her erfolgen (Absetzen) oder die Suspension bleibt die ganze Zeit hindurch getrübt, und es kann nur das Ansteigen der Sedimenthöhe an Hand der Grenzfläche zwischen Sediment und Suspension beobachtet werden. Letzterer Vorgang wird als Aufstocken bezeichnet (R. WOLFF [20]).

Durch die Beziehung

$$\ln \frac{S_t - S_\infty}{S_o - S_\infty} = - K_A \cdot t$$

wobei S_o = Höhe des Ausgangssediments

S_t = Sedimentvolumen zur Zeit t

S_∞ = Endsedimentvolumen

t = Sedimentationszeit

K_A = Aggregationskonstante bedeuten,

leitete E. BISCHOFF [22, 23] die sogenannte Aggregationskonstante ab, durch welche eine Sedimentationskurve durch eine Zahl charakterisiert werden kann. Aus dieser Konstanten kann in ähnlicher Weise wie aus der Adsorptionskonstanten die Adsorptionswärme [18, 19] die Haftenergie berechnet werden [23].

Für unsere Sedimentationsversuche wurden kleine Schüttelzylinder mit einem Inhalt von 10 ml (Höhe 15,5 cm, ⌀ 10,8 mm) mit Schliffstopfen verwendet, ähnlich wie sie auch von K.L. WOLF gebraucht worden sind. Während der Sedimentationsversuche wurden die Schüttelzylinder in einen hohen und schmalen Trog gestellt, der an der Vor- und Rückseite mit einer Glasscheibe versehen war, so daß der Inhalt der Zylinder gut beobachtet werden konnte. Der Trog selbst stand mit einem Thermostaten in Verbindung.

Die Auswahl der vorher sorgfältig gereinigten Lösungsmittel erfolgte nach ihrer Polarität.

Einen Überblick über die verwendeten Pigmente und ihre Eigenschaften gibt die Tabelle 3. Da die Dichten der einzelnen Pigmente sehr verschieden sind, wurden die Einwaagen für die einzelnen Sedimentationsversuche so gewählt, daß zunächst für jedes Pigment das Schüttgewicht bei einem Schüttvolumen von 2 ml in drei Versuchen bestimmt und dann die abgerundeten Mittelwerte für das Schüttgewicht als Einwaage für das Pigment bei jedem Sedimentationsversuch beibehalten wurde.

Jeder Sedimentationsversuch wurde in drei Parallelbestimmungen durchgeführt: in zwei Schüttelzylindern wurde das eingewogene Pigment noch einmal über Nacht getrocknet und dann anschließend sofort in eine Vorrichtung gebracht, mit deren Hilfe die vom Pigment eingeschlossene Luft evakuiert und nach dem Abkühlen des Pigments das Pigment durch Zugabe des Lösungsmittels unter Vakuum mit der Sedimentationsflüssigkeit zur Benetzung gebracht wurde.

Bei der dritten Parallelprobe wurde das Pigment vorher nicht mehr getrocknet und das Lösungsmittel ohne Anwendung von Vakuum zugegeben. Wie sich später gezeigt hat, ist das Endvolumen der Pigmente der unter Vakuum abgefüllten Proben meist etwas geringer und besser reproduzierbar.

Vor jedem Sedimentationsversuch wurde der Inhalt der Schüttelzylinder etwa 4 Minuten lang kräftig nach allen Richtungen geschüttelt, bis die Verteilung des Pigments in der Flüssigkeit vollständig homogen war.

Tabelle 3

Pigment	Dichte	Schüttgewicht bei 2 ml Schüttvolumen	Einwaage	Wahres Pigmentvolumen f. 2 ml Schüttvolumen
Schwerspat	4,28	3, 3609 3, 4697 3, 8179	3,40	0,79
Quarzmehl	2,4	1, 2013 1, 2184 1, 1391	1,20	0,45
Zinkweiß Rotsiegel	5,6	0, 8116 0, 9465 1, 0147	1,00	0,21
Eisenoxydgelb 420	4,05	0, 7169 0, 6687 0, 7256	0,70	0,17
Eisenoxydrot 160 F	5,06	2, 3387 2, 2218 2, 0332	2,10	0,42
Titandioxyd A	3,90	0, 8001 0, 8553 0, 7288	0,80	0,20
Titandioxyd R	4,21	1, 0329 1, 0038 1, 0302	1,0	0,24
Mennige hochdispers	8,97	5, 8677 5, 5416 5, 4795	5,5	0,61
Ruß FW 1	1,8	0, 0948 0, 0918 0, 1008	0,1	0,056
Ruß Regent	1,80	-	0,1	0,0055

2. Das Sedimentationsverhalten der Pigmente in reinen Lösungsmitteln bei verschiedenen Temperaturen

Während der Durchführung der Versuche wurden die Sedimentvolumina in den Zeitintervallen von 5, 10, 20, 30 und 40 Minuten und nach 1, 2, 6, 7 und 24 Stunden abgelesen. In einigen Fällen war die Flüssigkeit sehr stark trübe, so daß die Grenze zwischen Flüssigkeit und Sediment nicht mit Sicherheit zu erkennen war. Das Endvolumen wurde in allen Fällen nach 24 Stunden bestimmt und nach Bedarf auch nach 48 bzw. 72 Stunden abgelesen. Meist ergab sich kein Unterschied gegenüber der Ablesung nach 24 Stunden, manchmal konnte er aber auch bis zu 0,1 ml betragen.

Wenn die Pigmente rasch absetzten, war die überstehende Flüssigkeit stets klar. Trübungen konnten entweder in der Sedimentationsflüssigkeit auftreten oder aber auch durch das Haften der Pigmentteilchen an der Glaswand bedingt sein, dieser letztere Fall war z.B. bei Eisenoxydgelb in Tetrachlorkohlenstoff und in Toluol zu beobachten.

Es kam auch vor, daß ein geringer Anteil der Pigmentteilchen zusammen mit einer Flüssigkeitshaut an der Wandung des Schüttelzylinders in der Luftphase hochkroch.

Die Endwerte der Sedimentvolumina sind in der Tabelle 4 wiedergegeben. Die Abhängigkeit von der Polarität der Suspensionsflüssigkeit ist deutlich zu erkennen. Dagegen kommt die Temperaturabhängigkeit der Sedimentvolumina nicht immer in dem erwarteten Sinne zum Ausdruck.

Aus dem Sedimentvolumen kann bei bekannter Dichte des Festkörpers die PVK berechnet werden und aus dieser der vorher definierte Agglomerationsgrad (Tab. 5).

Die im trockenen Zustand wenig agglomerierten Pigmente Schwerspat, Quarzmehl und Bleimennige sind auch in organischen Lösungsmitteln wenig geflockt, etwas stärker allerdings in unpolaren Flüssigkeiten. Die anderen Pigmente sind allgemein stärker agglomeriert, besonders stark die beiden Rußsorten. Je nach der Art der Pigmente sind Sedimentvolumen und Agglomerationsgrad in Alkoholen, Wasser oder Dioxan am niedrigsten. Besonders auffällig sind das niedrige Sedimentvolumen von Titandioxyd R und das hohe Sedimentvolumen von Titandioxyd A in Wasser (vgl. dazu [16].

Tabelle 4

Sedimentvolumina verschiedener Pigmente in ml in reinen organischen Lösungsmitteln bei verschiedenen Temperaturen

Pigment	Tetrachlor-K.			Cyclohexan			Toluol			Dioxan			Aceton			Butylacetat			n-Butanol			Äthanol			Wasser		
	25°	40°	55°	25°	40°	55°	25°	40°	55°	25°	40°	55°	25°	40°	55°	25°	40°	55°	25°	40°	55°	25°	40°	55°	25°	40°	55°
Schwerspat	4,9	4,95	5,1	4,35	4,55	4,5	4,4	4,45	4,5	2,1	2,1	2,1	3,05	3,2	3,0	1,85	1,9	1,9	1,75	1,75	1,75	1,7	1,65	1,65	2,1	2,1	2,1
Quarzmehl W 200	5,0	6,0	5,05	4,35	4,45	4,4	4,55	4,37	4,4	1,7	1,65	1,75	2,2	2,4	2,3	1,65	1,8	2,0	1,35	1,35	1,3	1,75	1,75	1,75	1,0	0,95	0,95
Zinkweiß Rotsiegel	5,45	5,6	5,35	4,7	4,75	4,6	4,5	4,5	4,8	2,55	2,5	2,35	4,15	4,25	4,35	2,25	2,0	1,85	1,95	1,85	1,75	1,85	2,2	2,05	2,95	3,2	3,45
Eisenoxydgelb 420	t	t	t	7,5	8,5	9,0	9,1	t	t	3,7	3,4	3,25	7,45	7,6	7,65	2,3	2,45	2,4	3,3	2,9	2,8	2,95	3,45	3,55	2,25	3,9	4,55
Eisenoxydrot 160 F	7,65	7,5	7,55	6,5	6,3	6,45	7,25	7,05	7,55	2,3	2,35	2,4	5,1	5,4	5,6	2,3	2,3	2,4	2,2	2,2	2,15	2,65	2,7	2,75	3,75	4,2	4,4
TiO₂-Kronos A	3,75	4,1	4,4	2,7	2,95	3,15	3,45	3,5	3,75	1,9	1,9	2,0	3,15	3,25	3,4	1,7	1,7	1,7	1,95	2,0	1,95	2,0	2,1	2,3	2,5	2,65	2,85
TiO₂-Kronos R	4,5	4,5	4,8	3,3	3,7	3,9	3,3	3,1	3,05	2,55	2,55	2,6	3,65	4,25	4,1	1,85	1,85	1,95	1,85	1,9	1,95	2,6	2,75	2,9	0,7	0,7	0,8
Mennige hochdispers	5,35	5,15	4,95	4,95	4,9	4,95	5,0	4,95	4,95	2,75	3,1	3,45	4,55	4,45	4,45	2,7	2,9	3,15	1,9	1,9	2,1	2,4	2,6	2,95	3,4	3,4	3,55
Ruß FW1,Degussa	3,05	3,3	3,25	2,05	2,15	2,2	2,05	2,1	2,15	1,85	1,75	1,75	2,2	2,2	2,25	2,1	2,15	2,1	1,65	2,1	2,0	2,05	2,15	2,2	3,25	3,2	3,25
Ruß Regent, Degussa	2,6	3,2	3,65	1,8	1,8	1,85	1,9	2,0	2,0	1,7	1,9	1,75	1,6	1,6	1,6	1,75	1,8	1,75	1,45	1,7	1,6	1,75	1,8	1,8	2,15	2,25	2,25

Tabelle 5

Agglomerationsgrade einiger Pigmente in reinen Flüssigkeiten bei 25°C

	Schwerspat	Quarzmehl W 200	Zinkweiß	Eisenoxydgelb 420	Eisenoxydrot 160 F	TiO_2-A	TiO_2-R	Mennige hochdispers	Ruß FW1	Ruß Regent
Tetrachlorkohlenstoff	3,2	7,1	13,5	28,6	9,7	10,5	9,8	4,6	28,8	24,5
Cyclohexan	2,9	5,2	12,0	23,2	8,2	6,8	7,2	4,2	19,1	16,7
Toluol	2,9	5,3	11,2	27,6	9,2	8,8	7,3	4,3	19,3	17,9
Aceton	2,0	2,5	12,1	22,5	6,6	8,6	8,2	3,9	20,2	14,8
Dioxan	1,6	2,0	6,4	11,4	2,9	4,8	5,6	2,4	17,4	16,0
Butylacetat	1,2	1,9	5,6	7,1	2,9	4,3	4,2	2,3	19,8	16,5
n-Butanol	1,2	1,6	4,6	10,1	2,8	5,0	4,1	1,6	15,5	13,1
Äthanol	1,1	2,0	4,6	9,1	3,3	5,1	5,7	2,0	19,3	16,3
Wasser, dopp.dest.	1,4	1,2	7,3	6,9	4,7	6,4	1,5	2,9	30,5	20,3
Stampfvolumen	1,0	1,6	4,4	6,7	-	2,9	2,9	1,4	13,5	-

3. Sedimentationsverhalten einiger Pigmente in binären Flüssigkeitsmischungen

Die Sedimentationsvolumina der in der Tabelle 3 genannten Pigmente wurden in den binären Mischungen: Wasser/Äthanol, Wasser/Aceton und Wasser/Dioxan in verschiedenen Mischungsverhältnissen bestimmt. Die interessantesten Beispiele wurden in den Tabellen 6 bis 11 aufgenommen.
K.L. WOLF [21] hat die Systeme Bariumcarbonat in Wasser/Dioxan und in Wasser/Tetrahydrofuran in seiner Arbeit genannt. Nach seinen Untersuchungen entspricht das Gebiet des Umschlagpunktes, bei dem der Übergang von der grobflockigen zur feinkörnigen Struktur des Sedimentes (erkennbar durch die Trübung der Sedimentationsflüssigkeit) erfolgt, einem ausgeprägten Maximum des Zeta-Potentials.

Bei allen in den Tabellen aufgeführten Systemen ist dieser Übergang zu beobachten. Die Lage des Umschlagpunktes ist aber bei den einzelnen Pigmenten in bezug auf das molare Verhältnis der binären Flüssigkeiten verschieden, er liegt z.B. bei dem System Quarzmehl W 200 in Wasser/Äthanol bei etwa 0,6 Mol Äthanol (Tab. 6), und die PVK zeigt ein ausgeprägtes Minimum. Bei dem System Quarzmehl in Wasser/Aceton liegt der Übergang bei etwa 0,9 Mol Aceton, ebenfalls bei einem Minimum der PVK (Tab. 7). Die Veränderungen der Sedimentvolumina sind bei den Mischungen Wasser/Äthanol meist gering, stärker bei den Mischungen Wasser/Aceton und im allgemeinen am stärksten bei den Mischungen Wasser/Dioxan. Bemerkenswert ist die hohe PVK des Quarzmehls (W 200) in bestimmten Mischungen von Wasser/Äthanol und Wasser/Dioxan.

4. Einfluß des Zusatzes von organischen Säuren

Aus der Praxis der Lackindustrie ist bekannt, daß durch Zusätze von bestimmten Säuren wie Benzoe-, Croton- und Furancarbonsäure zu Zinkweißemaillelacken der Verlauf dieser Lackfarben verbessert werden kann. Es wurde daher untersucht, ob das Verhalten von Zinkweiß in organischen Lösungsmitteln (Cyclohexan und Butylacetat) mit Zusätzen solcher Säuren gestattet, eine Parallele zu ziehen. Zum Vergleich wurde Eisenoxydrot 160 F als inaktives Pigment, ebenfalls suspendiert in Lösungsmitteln mit Säurezusätzen, herangezogen.

Tabelle 6

Sedimentvolumina einiger Pigmente in binären Flüssigkeitsmischungen

Pigment		Wasser dest.	7 Mol%	16,5 Mol%	30,8 Mol%	55,2 Mol%	70 Mol%	90 Mol%	99,9 Mol%	Äthanol
Schwerspat	SV	2,1	2,25	2,4	2,5	2,55	sg^T 2,6	g^T 2,0	–	1,65
	PVK	38 %	35 %	33 %	32 %	31 %	30,4 %	39,5 %		48 %
Quarzmehl W 200	SV	1,0	^{t}0,9	^{t}0,9	^{t}0,9	g^T 1,9	2,1	1,95	1,75	1,75
	PVK	45	50	50	50	23,7	21,4	23,3	25,7	25,7
Eisenoxyd-rot 160 F	SV	3,75	g^T 4,25	sg^T 4,6	4,8	4,85	4,4	3,2	g^T 2,55	2,65
	PVK	11	9,8	9,0	8,7	8,6	9,4	13	16,5	15,7
TiO$_2$-Kronos A	SV	2,5	2,25	2,6	2,7	3,15	3,15	3,25	2,9	2,0
	PVK	8,2	9,1	8,0	7,6	6,6	6,6	6,3	7,1	10,0
TiO$_2$-Kronos R	SV	1,0	^{t} 1,65	^{t} 2,7	sg^T 3,05	g^T 3,25	3,05	3,3	^{t} 2,3	2,6
	PVK	24	15	8,9	7,9	7,4	8	7,3	10,6	9,3
Mennige	SV	3,4	g^T 3,5	g^T 3,6	g^T 3,55	g^T 3,55	g^T 3,7	g^T 3,55	2,75	2,4
	PVK	18	17,6	17	17,2	17,2	16,6	17,2	22,4	25,4

Tabelle 7

Sedimentvolumina einiger Pigmente in binären Flüssigkeitsmischungen

Pigment		Wasser dest.	5,7 Mol%	13,9 Mol%	36,5 Mol%	49,5 Mol%	70 Mol%	90 Mol%	99,9 Mol%	Aceton
Quarzmehl	SV	1,0	T 0,9	T 0,95	gT 0,95	gT 1,75	sgT 2,2	sgT 2,45	2,45	2,2
	PVK	45	50	47	47	25,7	20,4	18,4	18,4	20,5
Eisenoxyd-gelb 420	SV	2,25	T 3,75	T 4,5	gT 5,35	gT 6,25	sgT 6,65	7,55	7,95	7,4
	PVK	7,5	4,5	3,8	3,2	2,7	2,5	2,2	2,1	2,3
TiO$_2$-Kronos A	SV	2,5	T 2,3	T 2,6	2,9	3,0	2,9	3,1	3,15	3,15
	PVK	8,2	9	8	7	6,8	7	6,7	6,5	6,5
TiO$_2$-Kronos R	SV	1,0	T 2,1	T 2,85	3,2	3,6	3,2	3,95	3,95	3,65
	PVK	24	11,5	8,4	7,0	6,6	7,6	6	6	6,5

T = Trübung

gT = geringe Trübung

sgT = sehr geringe Trübung

Tabelle 8

Sedimentvolumina einiger Pigmente in binären Flüssigkeitsmischungen

Pigment		Wasser dest.	5,7 Mol%	13,8 Mol%	36,5 Mol%	49 Mol%	70 Mol%	90 Mol%	99,9 Mol%	Dioxan
Quarzmehl W 200	SV ml	1,0	T 0,9	T 0,9	gT 1,8	2,15	2,4	2,55	1,75	1,70
	PVK %	45	50	50	25	20,9	18,75	17,6	25,7	26,4
Eisenoxyd- gelb 420	SV	2,25	T 4,0	T 4,8	gT 5,1	5,75	6,3	6,85	sgT 3,55	3,75
	PVK	7,5	4,2	3,5	3,3	3	2,8	2,5	4,8	4,5
TiO$_2$-Kronos A	SV	2,5	T 2,15	2,5	2,85	2,95	3,3	3,55	3,5	2,0
	PVK	8,2	9,5	8,2	7,2	7	6,2	5,8	5,9	10,2
TiO$_2$-Kronos R	SV	1,0	T 2,25	gT 2,85	sgT 3,05	3,4	3,65	3,65	3,2	2,55
	PVK	24	10,7	8,4	7,9	7	6,6	6,6	7,5	9,4

Tabelle 9

Pigment		Wasser	20 Äthanol / 80 Wasser	60 Äthanol / 40 Wasser	80 Äthanol / 20 Wasser	Äthanol
TiO$_2$-Kronos R	SV :	T 0,65	T 2,00	sgT 2,80	2,95	2,6
	PVK:	36,9 %	12,0 %	8,55 %	8,15 %	9,15 %

Tabelle 10

Pigment		Wasser	40 Äthanol / 60 Wasser	100 Äthanol / 13,3 Wasser	Äthanol
Quarzmehl W 200	SV	T 0,9	T 0,8	sgT 2,05	1,75
	PVK	50 %	56,2 %	21,9 %	25,7 %

Tabelle 11

Pigment		Wasser	40 Dioxan / 60 Wasser	60 Dioxan / 40 Wasser	Dioxan
Quarzmehl W 200	SV	T 0,9	T 0,9	sgT 1,75	1,70
	PVK	50 %	50 %	25,7 %	26,4 %

In den Tabellen 12 und 13 sind die Ergebnisse der Sedimentationsversuche wiedergegeben. Die Konzentration der Säuren in den organischen Lösungsmitteln wurden gegenüber dem Pigment so eingestellt, daß sie für die Bedeckung mit einer 0,4-, 1,0-, 2,0- und 4,0fachen monomolekularen Schicht der betreffenden Säure ausreichend waren. Man erkennt, daß die Säurezusätze in dem unpolaren Cyclohexan bei Zinkweiß immerhin einen geringen sedimentaktiven Einfluß hatten, nicht dagegen in Butylacetat und nicht bei Eisenoxydrot.

Tabelle 12

Pigment		Cyclohexan	Benzoesäure/Cyclohexan			
	+	0	0,4	1,0	2,0	4,0
Zinkweiß-Rotsiegel	SV	4,7	2,35	2,55	2,6	4,4
	PVK %	4,5	8,9	8,2	8,1	4,8

+ Anteil der monomolekularen Bedeckung

Benzoesäure: Cyclohexan = 1,0063 g : 100 ml

Pigment		Cyclohexan	Crotonsäure/Cyclohexan			
	+	0	0,4	1,0	2,0	4,0
Zinkweiß-Rotsiegel	SV	4,7	2,7	sgT 3,65	sgT 3,95	sgT 3,45
	PVK %	4,5	7,8	5,9	5,3	6,1

Crotonsäure: Cyclohexan = 0,800 g : 100 ml

Pigment		Cyclohexan	Buttersäure/Cyclohexan			
	+	0	0,4	1,0	2,0	4,0
Zinkweiß-Rotsiegel	SV	4,7	2,25	2,6	3,4	3,95
	PVK %	4,5	9,3	8,1	6,2	5,3

Buttersäure: Cyclohexan = 1,4872 g : 100 ml

Pigment		Butylacetat	Buttersäure/Butylacetat			
	+	0	0,4	1,0	2,0	4,0
Zinkweiß-Rotsiegel	SV	gT 2,25	2,45	2,1	2,05	sgT 2,25
	PVK %	8,9	8,6	10	10,2	9,3

Buttersäure: Butylacetat = 3,3982 g : 100 ml

Tabelle 13

Pigment		Cyclohexan	Buttersäure/Cyclohexan		
	+	0	0,4	1,0	2,0
Eisenoxyd-rot 160 F	SV	6,5	sgT 5,15	sgT 4,7	sgT 4,75
	PVK %	6,4	8	8,8	8,7

+ Anteil der monomolekularen Bedeckung

Buttersäure: Cyclohexan = 1,4872 g : 100 ml

Pigment		Butylacetat	Benzoesäure/Butylacetat		
	+	0	0,4	1,0	2,0
Eisenoxyd-rot 160 F	SV	sgT 2,3	sgT 2,1	sgT 2,0	
	PVK %	18	19,8	18,9	

Benzoesäure: Butylacetat = 3,3982 g : 100 ml

III. Untersuchung der Agglomeration der Pigmente mit Hilfe einer automatischen Sedimentwaage

1. Versuchsmethodik

Stampfvolumen und Sedimentvolumen können zwar über das Agglomerationsverhalten der Pigmente eine Aussage machen, jedoch keinen Aufschluß über die Größe und Größenverteilung der Agglomerate geben. Um dieser Frage nachzugehen, wurden verschiedene Pigmentsuspensionen im Hinblick auf verschiedene Fragestellungen mit der automatischen Sedimentationswaage der Firma Sartorius, Göttingen, untersucht. Da sie in der Literatur schon beschrieben worden ist [24, 25], sollen hier nur kurze Erläuterungen gegeben werden:

Die zu untersuchende Pigmentsuspension befindet sich in einem hohen, doppelwandigen Zylinder, welcher durch einen Thermostaten auf konstanter Temperatur gehalten wird. In der Nähe des Bodens des inneren Zylinders hängt eine flache Waagschale frei in der Suspension, welche die sedimentierenden Teilchen auffangen soll und welche durch eine lange Stange mit dem Waagebalken in Verbindung steht. Die Waage wird in der reinen Suspensionsflüssigkeit ohne Pigment ins Gleichgewicht gebracht. Dann wird die zu untersuchende Pigmentsuspension eingefüllt, entlüftet und aufgerührt. Sobald 2 mg der absinkenden Teilchen auf die Waagschale gefallen sind, wird das Gleichgewicht gestört, durch einen Schrittmotor jedoch wiederhergestellt und der Schaltschritt auf einem Diagrammpapier registriert. Durch das Fallen weiterer Teilchen werden weitere Schaltschritte ausgelöst und auf dem Diagramm festgehalten. In Abhängigkeit von der Zeit entsteht eine aus lauter kleinen Treppenstufen bestehende Kurve, die sogenannte kumulative Sedimentationskurve. Die Ordinaten dieser Kurve geben jeweils die Summe der sedimentierten Teilchen in Abhängigkeit von der Fallzeit an, wobei allerdings der Auftrieb der Teilchen noch zu berücksichtigen ist.

Um nun festzustellen, welcher Größe oder Größenklasse die sedimentierten Teilchen angehören, wird die Sedimentationskurve graphisch differenziert. Unter Zugrundelegung des Stoke'schen Gesetzes werden die Fallzeiten, welche von den Teilchen verschiedener Größe benötigt werden, berechnet und auf der Abszisse eingetragen. An den berechneten Punkten werden Tangenten an die Summenkurve gelegt und bis zum Schnitt mit der Ordinatenachse verlängert. Die so erhaltenen Ordinatenabschnitte geben dann den gewichtsmäßigen oder je nach Rechnung den prozentualen Anteil der sedimentierten Teilchen bis zu der Teilchengröße an, deren Fallzeit dem Berührungspunkt der Tangente entspricht. Trägt man die Meßzahlen der so erhaltenen Ordinatenabschnitte als Ordinatenwerte in einem neuen Koordinatensystem gegen die zugehörigen Werte für die Teilchengröße auf der Abszisse auf, erhält man eine Kurve, die sogenannte Rückstandskennlinie oder Rückstandssummenverteilung.

Aus der Rückstandskennlinie kann eine weitere Kurve, die Häufigkeitsverteilungskurve abgeleitet werden, worauf jedoch in dieser Arbeit durchweg verzichtet worden ist, aus Gründen, welche sich aus dem Folgenden ergeben:

Wenn die Teilchengröße, bzw. die Teilchengrößenverteilung eines körnigen Stoffes bestimmt werden soll, dann muß vorausgesetzt werden, daß der körnige Stoff in Form von Einzelteilchen in der Suspension vorliegt und die Suspensionsflüssigkeit muß so gewählt werden, daß diese Bedingung erfüllt ist. Aus dem Sedimentationsverhalten der Pigmente, das in dem 2. Teil dieser Arbeit dargestellt worden ist, ist aber bereits sichtbar geworden, daß diese Voraussetzung für die Suspensionen der Pigmente in den verschiedenen organischen Lösungsmitteln nicht zutreffen wird. Andererseits war es aber gerade ein Teil unserer Aufgabe, die automatische

Sedimentationswaage als Untersuchungsinstrument für die Frage der Agglomeration einzusetzen. Es soll daher zunächst geprüft werden, inwieweit dabei die Voraussetzungen für die Gültigkeit des Stoke'schen Gesetzes erfüllt werden können.

Das Stoke'sche Gesetz gilt nur unter folgenden Voraussetzungen:

1. Die Bewegung der Teilchen in der Flüssigkeit soll geradlinig und entgegengesetzt der Richtung der Schwerkraft erfolgen.

2. Das Volumen der Flüssigkeit soll groß gegenüber dem Gesamtvolumen der Teilchen sein.

3. Die Teilchen müssen unelastisch und kugelförmig sein.

4. Die mittlere freie Weglänge der Moleküle der Dispersionsflüssigkeit soll klein gegenüber dem Durchmesser der festen Teilchen sein.

5. Außer der Schwerkraft dürfen keine anderen Kräfte die Teilchenbewegung beeinflussen.

Von diesen Bedingungen waren bei unseren Untersuchungen im wesentlichen alle erfüllt, bis auf die Bedingung 3: Streng genommen gibt es überhaupt keine kugelförmigen Pigmente und außerdem weichen agglomerierte Teilchen von der Kugelgestalt mehr oder weniger ab. Infolge der Forderung 2 konnten nur Pigmentdispersionen mit geringem Pigmentgehalt untersucht werden. Die Pigmenteinwaage mußte dementsprechend klein gehalten werden. Diese Bedingung mußte auch aus einem anderen Grunde eingehalten werden: Bei der automatischen Sedimentationswaage entspricht 2 mg Gewicht 0,8 mm auf dem Diagrammpapier. Da die Breite des Schreibpapiers 20 cm beträgt, können auf ihm höchstens $\frac{200}{0,8}$ = 250 Schaltschritte aufgezeichnet und die Fallplatte mit höchstens 500 mg belastet werden. Da aber das Pigment durch die Flüssigkeit einen Auftrieb erfährt, kann die Einwaage entsprechend dem Verhältnis der Dichte des Pigments zu seiner durch den Auftrieb verminderten Dichte etwas größer gehalten werden:

$$E = \frac{d_p \cdot 500}{d_p - d_f} \text{ mg} \tag{1}$$

Hierin bedeuten: E = Einwaage in g
d_p = Dichte des Pigments
d_f = Dichte der Suspensionsflüssigkeit

Ein weiterer, sehr wichtiger Punkt ist folgender: Wenn Agglomerate vorliegen, schließen diese einen Teil der Suspensionsflüssigkeit ein und dadurch wird der Dichteunterschied zwischen Pigment und Flüssigkeit verringert; die nach der Formel (2) berechneten Teilchendurchmesser werden deshalb als zu klein gefunden. Auf diesen Punkt wird noch zurückzukommen sein. Für die Berechnung der Teilchengröße bzw. Agglomeratgröße wurde die Stoke'sche Formel verwendet:

$$D = 175 \sqrt{\frac{\eta}{d_p - d_f}} \cdot \sqrt{\frac{h}{t}} \qquad (2)$$

wobei D = Teilchendurchmesser in μ
   t = Fallzeit in Minuten
   η = Viskosität der Dispersionsflüssigkeit (in Poisen)
   h = Fallstrecke in cm
   d_p = Dichte des Pigments
   d_f = Dichte der Suspensionsflüssigkeit bedeuten.

Die Untersuchungen wurden an einigen ausgewählten Pigmenten in verschiedenen Dispersionsflüssigkeiten und unter verschiedenen Bedingungen der Dispergierung durchgeführt. Die Ergebnisse wurden durch sogenannte Rückstandskennlinien dargestellt. Die Abbildung 1 zeigt drei schematische Rückstandskennlinien. Man erkennt, daß bei allen diesen Kurven größere

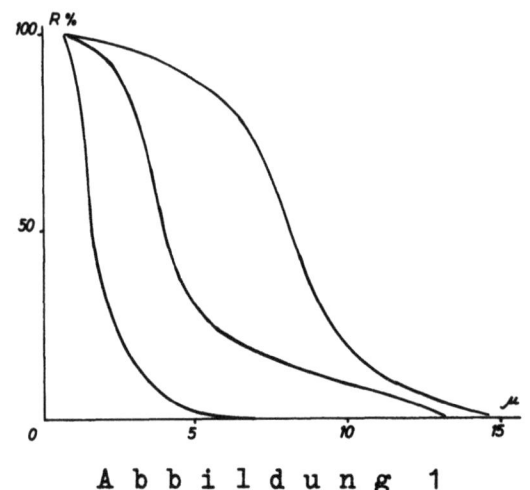

A b b i l d u n g   1
Rückstandskennlinien (schematisch)

Teilchen als 15 μ nicht vorhanden sind, die Kurven schneiden oder berühren die Abszissen in jedem Fall. Die rechte Kurve weist auf die Anwesenheit von gröberen Teilchen hin, während die linke Kurve nur wenige Teilchen über 2 μ anzeigt. Die bei unseren Versuchen erhaltenen und im folgenden dargestellten Rückstandskennlinien sind dagegen nicht vollständig, und zwar beruht dies auf folgenden Gründen: Bei der Bestimmung der Teilchen- bzw. Agglomeratgrößenverteilung von Agglomeraten größer als etwa 10 µ setzen diese zu schnell ab, so daß sie nicht mehr mit Sicherheit erfaßt werden können, während die Teilchen kleiner als 1 µ sich zu langsam absetzen bzw. mit Hilfe der Sedimentationswaage nicht mehr zu erfassen waren.

Die Begrenzung dieser Methode sowohl in bezug auf die großen (> ca. 10 µ) als auch die Teilchen < 1 µ beruht auf zwei verschiedenen Ursachen: Wenn der Anteil an großen Teilchen hoch ist, fällt die kumulative Sedimentationskurve steil ab, und das Ziehen der Tangenten bzw. die Bestimmung der Ordinatenabschnitte ist mit großen Fehlern behaftet. Die feinen Teilchen benötigen für den weiten Fallweg von 20 cm lange Zeit und sind während dieser Zeit Störungen durch kleinste Strömungen bzw. bei sehr kleinen Teilchen durch die Brown'sche Bewegung ausgesetzt und gelangen gar nicht auf die flache Waagschale. Der Gesamtverlust kann deshalb bis zu 40 % betragen.

Aus diesen Gründen können die Darstellungen der Rückstandskennlinien noch keine quantitativen Angaben über die Größenverteilung der Agglomerate machen. Das Hauptziel dieses Teils der Arbeit war, die einzelnen Faktoren aufzuzeigen, welche eine Verstärkung oder Verringerung der Agglomeration bewirken. Für eine vollständig quantitative Behandlung dieses Problems muß auch die Frage der Dispergiermethoden noch stärker berücksichtigt werden.

Die Teilchengrößen sind als Durchmesser kugelförmiger Teilchen (Äquivalentdurchmesser) angegeben. Da es sich jedoch um Agglomerate handelt, sind die angegebenen Größen zu klein und die Rückstandskennlinien müßten in Richtung der Abszissenachse weiter nach rechts gestreckt werden, näheres siehe später!

Die zur Untersuchung verwendeten Pigmente wurden vorher 48 Stunden bei 110°C getrocknet, im Exsikkator aufbewahrt und kurz vor der Dispergierung noch 2 Stunden getrocknet und dann so schnell wie möglich eingewogen. Die wasserfreien Dispersionsflüssigkeiten wurden vorher sorgfältig durch Destillation gereinigt und anschließend mit Natrium oder mit geglühtem Natrium-Sulfat getrocknet.

Um die Verdunstung der Suspensionsflüssigkeit im Sedimentationszylinder zu verhindern, wurde auf diesen ein Glasdeckel mit einer Öffnung zur

Durchführung der Stange für die Waagschale und einer Tasche aufgesetzt. Die Tasche wurde dann mit der Suspensionsflüssigkeit gefüllt.

Alle Versuche wurden bei 20°C ausgeführt, um Störungen der Sedimentation durch Konvektionsströmungen möglichst zu vermeiden.

2. Einfluß der Dispergierungsmethoden

Um den Einfluß der Dispergierungsmethoden festzustellen, wurden drei verschiedene Arten der Dispergierung benützt:

a) Rühren von Hand (die Waagschale wurde 60 mal innerhalb 3 Minuten in dem Sedimentationszylinder auf- und abbewegt).

b) Mechanisches Rühren (Rühren mit einem 4flügligen Blattrührer während einer Zeit von 20 Minuten, 200 Umdrehungen pro Minute. Die vier Rührflügel waren in regelmäßigen Abständen (je 4,5 cm) senkrecht übereinander angeordnet).

c) Ultraschall (20 Minuten bei 0,8 Megahertz, Leistungsaufnahme 11 Watt).

Diese Dispergierungsarten unterscheiden sich demnach wesentlich von den in der Lackindustrie angewandten. Dies war dadurch bedingt, daß die für die Untersuchungen verwendeten Pigmentsuspensionen sehr wenig konzentriert waren. Bei dem Rühren von Hand und bei dem mechanischen Rühren war deshalb die Scherwirkung auf die Agglomerate sehr gering. Die Reproduzierbarkeit der Sedimentationsversuche wurde an dem System Titandioxyd-Butylacetat geprüft (siehe Abb. 2).

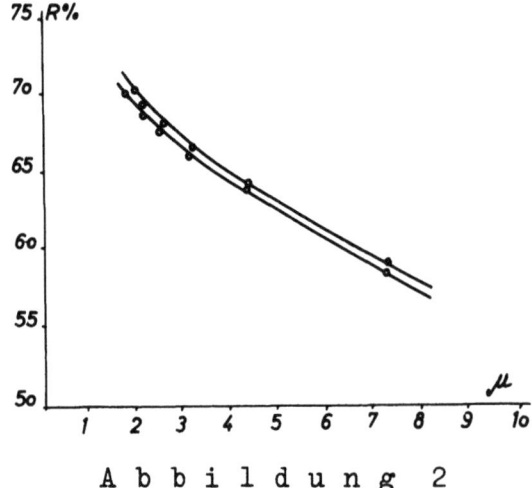

Abbildung 2

Reproduzierbarkeit der Sedimentationsversuche, geprüft am System Titan-Dioxyd A / Butylacetat

Die Wirkung der verschiedenen Dispergierungsarten wurde an dem System Chromgelb (rhombisch)/Benzol und Titandioxyd A/Benzol untersucht. Das mechanische Rühren war etwas wirksamer als das Rühren von Hand, die zugehörigen Rückstandskennlinien lagen demnach bei dem mechanischen Rühren unterhalb denjenigen, welche sich nach dem Rühren von Hand eingestellt hatten. Auffälligerweise ergab sich bei dem System Titandioxyd A/Benzol kaum ein Unterschied zwischen mechanischem Rühren und der Dispergierung mit Ultraschall (siehe Abb. 3). Dagegen war die Dispersion mit Ultraschall bei dem System Titandioxyd A/3,27 % Alkydal T in Butylacetat sehr wirksam (siehe Abb. 4). Die Voraussetzung für die Wirksamkeit der Ultraschall-Dispergierung ist demnach, daß das System stabilisierende Bestandteile enthält.

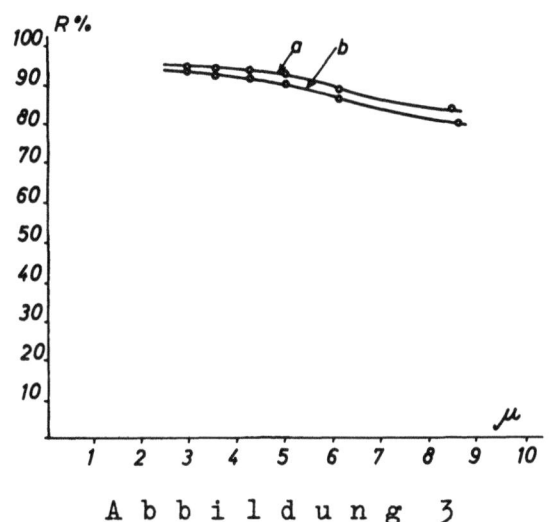

Abbildung 3

Rückstandskennlinien des Systems Titandioxyd A/wasserfreies Benzol.

a) Dispergierung durch mechanisches Rühren
b) Dispergierung mittels Ultraschall

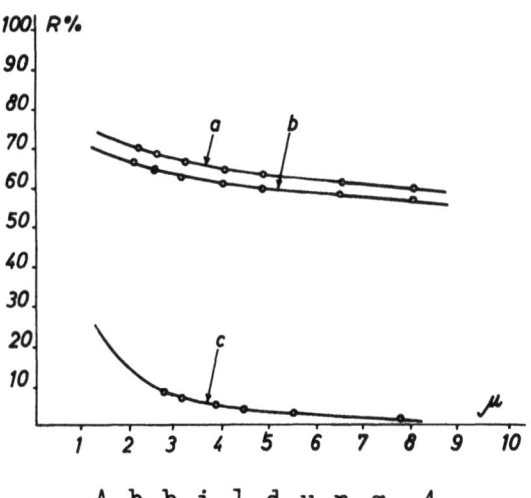

Abbildung 4

Einfluß der verschiedenen Dispergierungsmethoden auf den Agglomerationszustand des Systems Titan-Dioxyd A / 3,27 % Alkydal T in Butylacetat.

a) Rühren von Hand
b) Mechanisches Rühren
c) Behandlung durch Ultraschall

3. Einfluß von okkludierter Luft

Wenn ein Festkörper durch eine Flüssigkeit benetzt wird, wird die vorhandene Grenzfläche Festkörper-Luft durch die Grenzfläche Festkörper-Flüssigkeit ersetzt. Dieser Vorgang verläuft nicht quantitativ, wenn der pulverförmige Festkörper nur in die Dispersionsflüssigkeit eingetragen wird, ohne daß scherende oder reibende Kräfte zur Wirkung kommen.

Die Oberflächen dieser feinverteilten Feststoffe enthalten Kapillaren, welche teilweise geschlossen sind, so daß aus ihnen die Luft durch die benetzende Flüssigkeit selbst bei guter Benetzung und unter einem Randwinkel von 0° nicht vollständig verdrängt werden kann [26]. Bei niedrigviskosen Flüssigkeiten genügt es jedoch oft, die Suspension so lange unter Vakuum zu setzen, bis keine Luftbläschen mehr entweichen. Die Rückstandskennlinien der nicht entlüfteten und entlüfteten Pigmentlösungsmittelsysteme zeigten eine ähnliche Form wie bei der Abbildung 5, d.h. die Rückstandskennlinien der entlüfteten Systeme lagen unter denjenigen der nicht entlüfteten und zeigten damit eine Abnahme der Agglomerate an. Dieser Sachverhalt geht auch aus der folgenden Tabelle 14 hervor:

Tabelle 14

Agglomerationsverhalten verschiedener Pigmente
in entlüfteten und nicht entlüfteten Lösungsmitteln

System	Gew.% der Teilchen in der Suspension			
	über 12 Mikron		über 6 Mikron	
	entlüftet	nicht entlüftet	entlüftet	nicht entlüftet
Chromgelb/ Benzol	45,0	48,5	72,6	79,0
Chromgelb/ Äthylacetat	35,2	44,5	58,0	67,4
Eisenoxydrot/ Benzol	47,0	53,5	70,0	74,0
Eisenoxydrot/ Äthylacetat	19,0	32,0	48,0	53,0
Titandioxyd A/ Benzol	80,0	84,0	85,0	92,0

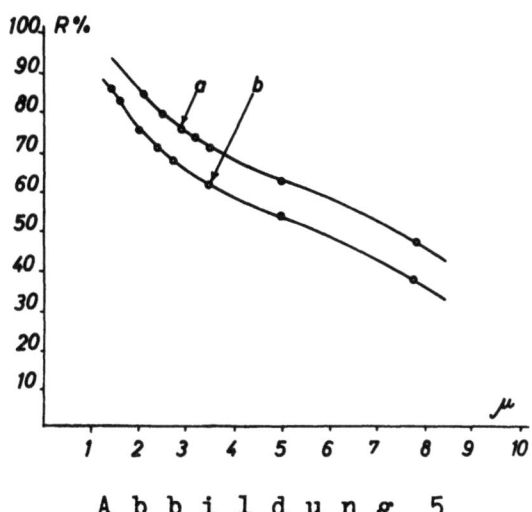

Abbildung 5

Rückstandskennlinien des Systems Chromgelb rhombisch/Äthylacetat
a) nicht entlüftet   b) entlüftet

4. Einfluß der Polarität der Lösungsmittel

Im zweiten Teil dieser Arbeit sind in der Tabelle 4 die Sedimentvolumina und in der Tabelle 5 die Agglomerationsgrade verschiedener Pigmente, suspendiert in polaren und unpolaren Flüssigkeiten angegeben. In unpolaren Flüssigkeiten waren die Pigmente stärker geflockt. Dementsprechend ist zu erwarten, daß sich die Rückstandskennlinien ein und desselben Pigments in entsprechender Weise unterscheiden werden, wenn das Pigment einmal in einer polaren Flüssigkeit und das andere Mal in einer unpolaren Flüssigkeit suspendiert wird. Ein Beispiel zeigt die Abbildung 6. Die Flockung erscheint auch im reinen polaren Lösungsmittel als ziemlich stark.

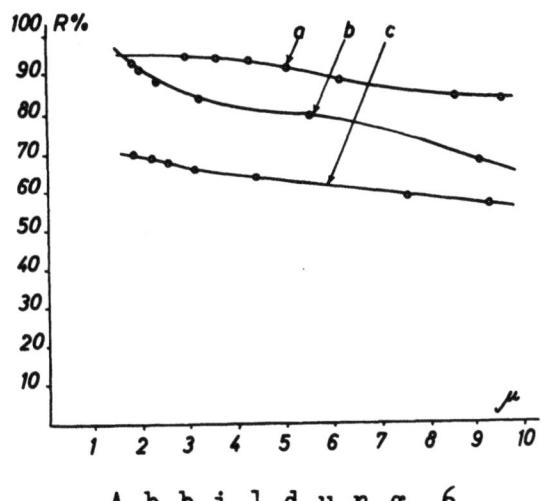

Abbildung 6

Rückstandskennlinien von Titan-Dioxyd A,
suspendiert in verschiedenen wasserfreien Lösungsmitteln
a) in Benzol   b) Aceton   c) Äthylacetat

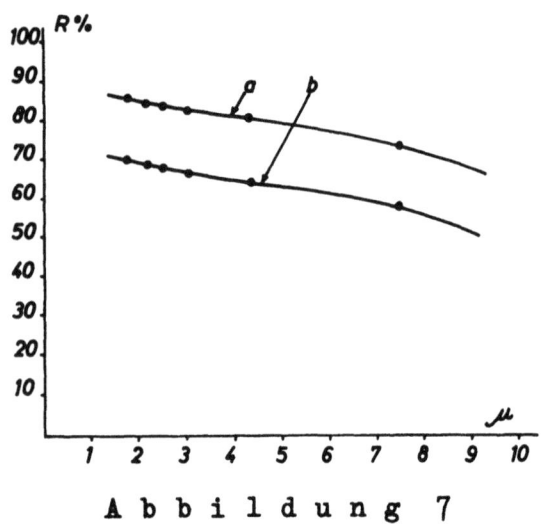

A b b i l d u n g   7

Rückstandskennlinie von Titandioxyd A in

a) wassergesättigtem Butylacetat
b) wasserfreiem Butylacetat

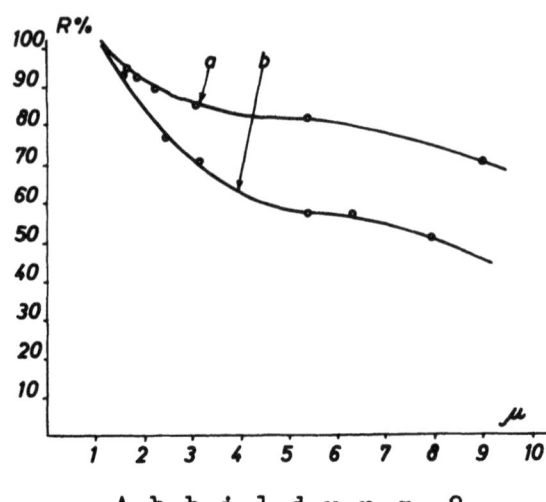

A b b i l d u n g   8

Rückstandskennlinie von getrocknetem Titandioxyd A, suspendiert in

a) wasserfreiem Aceton
b) einer Mischung von Aceton + 10 Volumen % Wasser

5. Einfluß des Feuchtigkeitsgehaltes eines Pigments bzw. des Suspensionsmittels auf den Agglomerationszustand der Pigmente

Pulverförmige Substanzen wie die Pigmente, welche der Atmosphäre ausgesetzt sind, nehmen in Abhängigkeit von ihrer chemischen Natur, von ihrer Oberfläche und von der relativen Luftfeuchtigkeit mehr oder weniger Feuchtigkeit aus der Luft auf. Die einzelnen Pigmente verhalten sich in dieser Hinsicht sehr verschieden [27]. Ebenso nehmen die Pigmente Feuchtigkeit auf, wenn sie in wasserhaltigen bzw. wassergesättigten organischen Lösungsmitteln suspendiert werden. Diese Wasseraufnahme ist häufig mit einer Flockung verbunden, welche nach E. BISCHOFF als Überbrückungsflockung bezeichnet wird [22].

Es wurde untersucht, wie sich die Agglomeration der Pigmente von der am Pigment adsorbierten und der im Suspensionsmittel gelösten Feuchtigkeit ändert.

In der Tabelle 15 sind die Ergebnisse zum Teil quantitativ wiedergegeben. Allgemein läßt sich sagen, daß die trockenen Pigmente in wasserfreien organischen Flüssigkeiten eine ziemlich starke Flockung zeigen. Eine sehr starke Flockung trat auf, wenn die Pigmente in wassergesättigten, nicht mit Wasser mischbaren Lösungsmitteln suspendiert waren, während die Agglomeration der Pigmente in wassermischbaren und Wasser enthaltenden Lösungsmitteln am geringsten war. In diesem letzteren Falle

Tabelle 15

Abb. Nr.	Pigment	Suspensionsmedium	Rückstand der Agglomerate in Gew.%		
			12 μ	6 μ	2,5 μ
7	Titandioxyd Kr. A trocken	Butylacetat wasserfrei	56.6	64.6	70.6
		Butylacetat wassergesättigt	73.0	81.6	86.1
	Titandioxyd Kr. A + 2,61 % H_2O	Butylacetat wasserfrei	53.8	59.4	67.8
		Butylacetat wassergesättigt	77.1	82.9	91.8
8	Titandioxyd Kr. A trocken	Aceton wasserfrei	73.1	81.8	95.0
		Aceton + 10 % Wasser	50.0	65.1	93.1
	Titandioxyd Kr. A + 2,61 % H_2O	Aceton wasserfrei	72.2	80.6	93.4
		Aceton + 10 % H_2O	48.2	63.6	90.8
	Eisenoxydrot 160 F trocken	Butylacetat wasserfrei	31.7	36.8	44.8
		Butylacetat wassergesättigt	42.2	58.8	69.4
	Chromgelb 48 (rhombisch)	Butylacetat wasserfrei	34.2	62.6	92.2
		Butylacetat wassergesättigt	42.9	70.8	93.8

ist auch die Reihenfolge, in welcher das Pigment mit Wasser in Berührung kommt von Bedeutung, wie aus der Tabelle 16 hervorgeht.

T a b e l l e 16

Agglomerationsverhalten von Titandioxyd Kr.A in einem Gemisch aus Aceton und 10 % Wasser als Suspensionsflüssigkeit

Versuchsbedingungen	Rückstand der Agglomerate in Gew.%	
	$> 12\,\mu$	$> 6\,\mu$
Das trockene Pigment wurde dem Lösungsmittelgemisch zugegeben, entlüftet, mechanisch gerührt und nach 30 Minuten sedimentiert	61,2	72,0
Dasselbe nach 48 Std.	50,0	66,0
Das Pigment wurde zunächst in Wasser dispergiert und das Aceton dann im erforderlichen Verhältnis zugesetzt	27,6	33,5

Nach HARKINS [28] ist die Benetzungswärme von Titandioxyd gegenüber Wasser 1,15 cal/g und gegenüber Aceton 0,66 cal/g. Die Affinität des Wassers zu Titandioxyd ist also wesentlich größer als diejenige des Acetons zu Titandioxyd. Außerdem ist nach HARKINS [29] die Trennungsenergie von Wasser und Titandioxyd A stark von der Schichtdicke des Wasserfilms abhängig und beträgt beim monomolekularen Wasserfilm 512 erg/cm^2, während sie bei einem Wasserfilm von 15 A$^\circ$ nur noch 119 erg/cm^2 beträgt. Das hydrophile Titandioxyd A wird von Wasser sehr gut benetzt und dispergiert. Wird nun Aceton zugegeben, dann wird Aceton, das ja mit Wasser in jedem Verhältnis mischbar ist, einen Teil des Wasserfilms um das Pigment abbauen, den monomolekularen Film jedoch nicht abzubauen vermögen, während andererseits sich der monomolekulare Wasserfilm in dem Gemisch Aceton + 10 % Wasser schwieriger aufbauen wird, weil ihm die Affinität des Acetons zum Wasser entgegenwirkt.

6. Einfluß von aktiven Gruppen in oberflächenaktiven Stoffen oder in Bindemitteln auf die Agglomeration der Pigmente

Bei der Adsorption von oberflächenaktiven Stoffen aus Lösungen an festen Stoffen wurde schon häufig die Beobachtung gemacht, daß ein oberflächenaktiver Stoff umso mehr an der festen Oberfläche adsorbiert ist, je weniger er in dem Lösungsmittel löslich ist. In einer Arbeit, welche an unserem Institut durchgeführt worden ist, fand VOGEL [30], daß Titandioxyd R Adipinsäure zu einem Betrag von $6{,}84 \cdot 10^{-6}$ Mol/g und den Monoäthylester zu $7{,}69 \cdot 10^{-6}$ Mol/g adsorbiert, während der Diäthylester der Adipinsäure überhaupt nicht adsorbiert wurde. Zu einem ähnlichen Ergebnis kamen HACKERMANN und seine Mitarbeiter [31. 32] bei Stahlpulver als Adsorbens.

Es wurde von uns untersucht, wie sich die Adsorption der genannten Stoffe auf das Agglomerationsverhalten von Titandioxyd R auswirkt. Das aus der Sedimentationsanalyse erhaltene Ergebnis wurde in Form von Rückstandskennlinien dargestellt (s. Abb. 9). Hierbei bedeutet:

Die Kurve a: Rückstandskennlinie von Titandioxyd suspendiert in einer gesättigten Lösung von Adipinsäure in Butylacetat.

b: Rückstandskennlinie von TiO_2 suspendiert in einer 1 %igen Lösung von Adipinsäurediäthylester nach 30 h.

c: dasselbe wie bei b, jedoch sofort nach der Dispergierung.

d: Rückstandskennlinie von TiO_2 suspendiert in reinem Butylacetat.

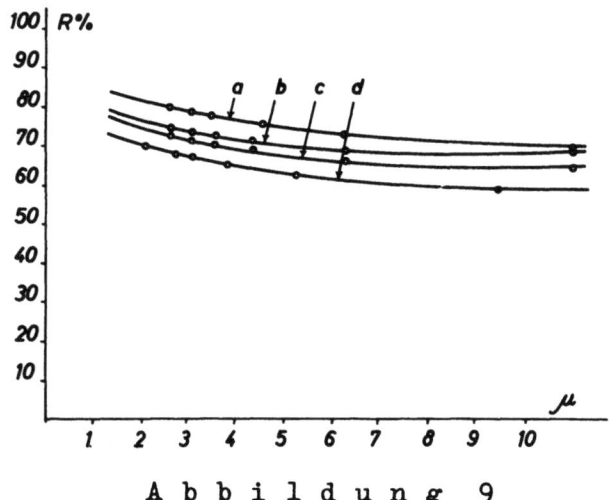

Abbildung 9

Einfluß einer Zugabe von Adipinsäure und ihres Diäthylesters
auf dem System Titandioxyd/Butylacetat

a) Adipinsäure gesättigt in Butylacetat

b) Diäthylester (1 %) der Adipinsäure in Butylacetat

c) Wie bei b), jedoch sofort

d) Dispersion im reinen Lösungsmittel

Beide Zusätze, der von Adipinsäure und der von Adipinsäuredimethylester, haben demnach agglomerationsfördernd gewirkt. Dies ging auch aus den Sedimentvolumina hervor, welche für Titandioxyd R in wasserfreiem Butylacetat 6,90 ml, in 1 %iger Lösung von Adipinsäuredimethylester in Butylacetat 7,7 ml und in gesättigter Adipinsäurelösung in Butylacetat 9,1 ml betrugen, wobei der letztere Wert starken Streuungen unterworfen war. Diese Tatsache scheint zunächst unerwartet, denn man würde wohl vermuten, daß die genannten Adsorptive sedimentaktiv wirken und die Flockung herabsetzen würden. Wenn aber die Lösung in bezug auf den Adsorptivstoff gesättigt ist, wird durch die Adsorption eine Anreicherung an der Grenzfläche Feststoff/Lösungsmittel erfolgen und zu einer Übersättigung des Adsorptivstoffes und damit zu einer Flockung führen.

Wir haben gesehen, daß die Pigmente in reinen organischen unpolaren stark und in polaren Lösungsmitteln weniger stark geflockt sind. Wie verhalten sie sich nun in Bindemittellösungen? Zunächst läßt sich feststellen, daß auch in verdünnten Bindemittellösungen noch ein gewisser Einfluß des polaren oder unpolaren Lösungsmittels besteht (Abb. 10). Allerdings spielt auch die Dispergierungsmethode eine wichtige Rolle.

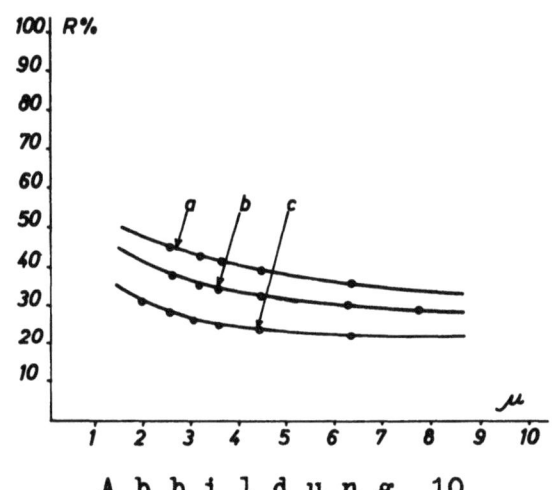

Abbildung 10

Rückstandskennlinie des Systems Eisenoxydrot (160 F) /
Alkydharzlösung (3,27 % Alkydal T)

    a) in Benzol
    b) Butylacetat
    c) Aceton

Es wurde bereits erwähnt, daß die Herstellung der für die Untersuchungen hergestellten Pigmentsuspensionen wegen ihres hohen Lösungsmittelgehalts nicht in praxisnaher Weise erfolgt ist. Bei der Verwendung von Bindemitteln wäre es aber möglich gewesen, zunächst eine pigment- und bindemittelreiche Paste anzureiben und diese dann zu verdünnen. Bei einer Untersuchung, die H. RECHMANN [33, 34] über die Bestimmung und Aufteilung von Titandioxyd-Pigmenten in verschiedenen Medien angestellt hat, wurden beide Methoden angewendet, und es zeigte sich, daß durch Anpasten des Pigments mit dem Dispergierhilfsmittel bzw. Bindemittel häufig eine bessere Aufteilung erreicht werden konnte, als durch das Eintragen des Pigments in die mit Dispergierungshilfsmitteln versehene Flüssigkeit.

Der Einfluß der Säurezahl eines Alkydharzes auf die elektrische Ladung wurde von uns untersucht [35]. Die Säurezahl ist bekanntlich auf die Anwesenheit freier Carboxylgruppen zurückzuführen. Mit Hilfe von Diazomethan können die Carboxylgruppen ganz oder teilweise verestert werden und dadurch die Säurezahl nach Belieben bis auf 0 herabgesetzt werden. Bei der Elektrophorese von Pigmentsuspensionen mit Titandioxyd R und/oder mit Zinkweiß als Pigment in Lösungen von unmethyliertem und methyliertem Alkydharz wanderten die Pigmentteilchen so lange zur Kathode, entsprechend ihrer positiven Ladung, solange die Säurezahl des Bindemittels > 0 war. Bei der Säurezahl 0 war keine Ladung mehr festzustellen. Ganz analog zu der elektrischen Ladung verhielten sich die Pigmente in bezug auf das Absetzen: Solange die Säurezahl des Bindemittels > 0 war, waren die pigmentierten Systeme stabil, während sie dagegen in einer Lösung von methyliertem Alkydharz schon nach einem Tag völlig absetzten. Ebenso war auch die Flockung der Pigmente in den Alkydharzlösungen mit der Säurezahl 0 stärker. Dementsprechend müssen bei der Untersuchung mit Hilfe der Sedimentationsanalyse die Pigmente in einer Lösung methylierten Alkydharzes unter sonst gleichen Bedingungen stärker agglomeriert sein, als in Lösungen mit unbehandeltem Alkydharz. Dies ist auch tatsächlich der Fall, wie die Abbildungen zeigen (siehe Abb. 11, 12).

Neben Carboxylgruppen enthalten die Alkydharze auch Hydroxylgruppen als Endgruppen. Um einen eventuellen Einfluß dieser Gruppen auszuschließen, wurden die Untersuchungen über den Einfluß der Säurezahl an solchen Modellsubstanzen fortgesetzt, welche nur Carboxylgruppen als alleinige aktive Gruppen enthielten. Als solche wurden die Verseifungsprodukte aus dem Mischpolymerisat Styrol-Maleinsäurediäthylester verwendet.

Durch Änderung des Verhältnisses der eingesetzten Monomeren konnte die Säurezahl nach Wunsch eingestellt werden. Bei der Veresterung der Mischpolymerisate war darauf zu achten, daß die Produkte völlig alkalifrei dargestellt wurden, weil sonst eine Umladung eintreten konnte.

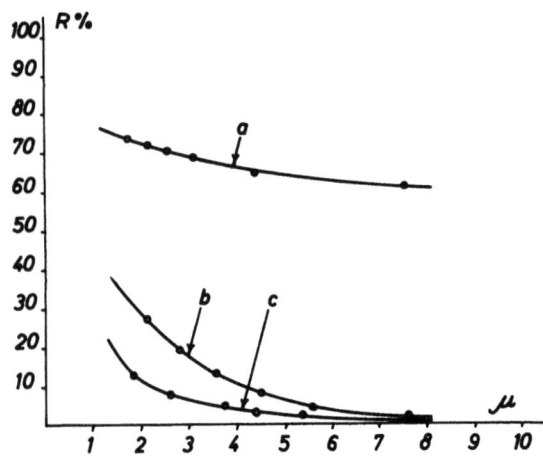

Abbildung 11

Rückstandskennlinien des Systems

Titandioxyd A in Butylacetat

(Dispergierung mit Ultraschall)

a) in reinem Butylacetat

b) unter Zusatz von 3,27 % methyliertem Alkydal T

c) unter Zusatz von 3,27 % normalem Alkydal T

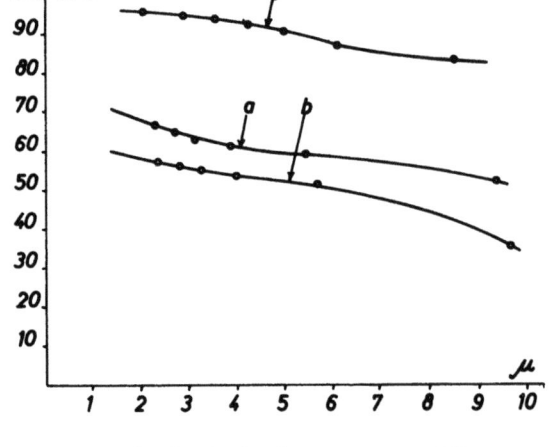

Abbildung 12

Rückstandskennlinien des Systems

Titandioxyd in Benzol

(Dispersion durch mechanisches Rühren)

a) Zusatz von 3,27 % methyliertem Alkydal TT

b) Zusatz von 3,27 % normalem Alkydal TT

c) ohne Zusatz

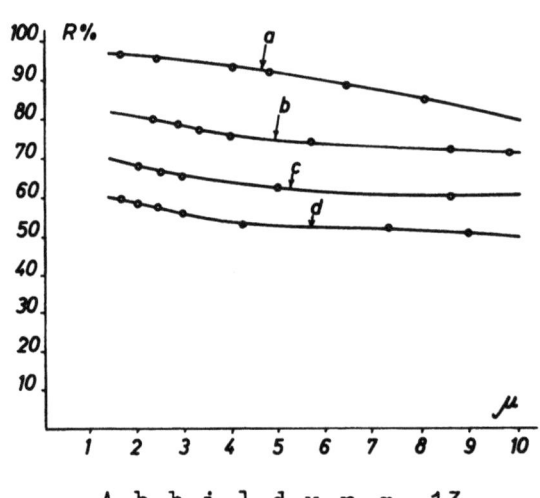

Abbildung 13

Rückstandskennlinien des Systems Titandioxyd A in Benzol

(Dispersion durch Ultraschall)

a) ohne Zusatz

b) bei Zusatz von 0,51 % Polystyrol

c) bei Zusatz von 0,51 % Mischpolymerisat aus Styrol und Fumarsäurediäthylester

d) bei Zusatz von 0,51 % Verseifungsprodukt des Mischpolymerisats (S.Z. = 57)

Die Abbildung 13 zeigt eine sehr starke Flockung des Pigments in reinem Benzol. Durch den Zusatz von 0,51 % Polystyrol LG wird die Flockung etwas verringert, und eine weitere Verringerung der Flockung tritt bei dem Zusatz von 0,51 % Mischpolymerisat aus Styrol und Fumarsäurediäthylester ein. Die geringste Flockung war durch den Zusatz von 0,51 % des Verseifungsproduktes aus dem Mischpolymerisat (mit einem der Säurezahl 57 entsprechenden Gehalt an Carboxylgruppen) zu beobachten.

7. Über die wirkliche Größe der Agglomerate

Es wurde bereits darauf hingewiesen, daß die auf der Abszisse eingetragenen Werte für die Teilchengröße nicht die wirkliche Größe der Agglomerate wiedergeben. Die Werte für die Teilchengröße wurden unter Voraussetzung der Gültigkeit des Stoke'schen Gesetzes berechnet. In der Gleichung (2) Seite 30 geht der Ausdruck: $d_p - d_f$ in den Quotienten ein. Wenn aber ein Agglomerat vorliegt, in dem Flüssigkeit, oder, wenn die Suspension nicht entlüftet worden ist, sogar Luft eingeschlossen ist, dann ist die Differenz $d_p - d_f$ geringer als wenn ein unagglomeriertes Teilchen vorliegt, und bei der Berechnung der Teilchengröße bzw. Agglomeratgröße ergibt sich ein zu niedriger Wert. Es ist schon versucht worden, das Stoke'sche Gesetz durch Formeln zu ersetzen, welche das Sedimentationsverhalten von Agglomeraten besser beschreiben. So hat R. WOLFF [20] die von ihm ermittelten Sedimentationskurven als Hyperbeln formuliert und eine gute Übereinstimmung mit seinen Meßergebnissen erhalten. Es besteht jedoch noch keine Theorie, welche die Größe von Agglomeraten beim Absetzen in Abhängigkeit von der Dichte und Viskosität des Suspensionsmediums zu berechnen gestattet. J. von EICHBORN [36] hat das Stoke'sche Gesetz unter Berücksichtigung des Einflusses der Solvatation und von verschiedenen geometrischen Formen diskutiert.

Um in unserem Falle zu einer einfachen Lösung zu kommen, wurde folgender Weg beschritten: Die Pigmente wurden in der gleichen Suspensionsflüssigkeit und unter denselben Versuchsbedingungen, wie sie bei den Untersuchungen mit der automatischen Sedimentationswaage vorlagen, in einer Andreasen-Pipette suspendiert und der Sedimentationsversuch in Gang gesetzt. In genau bemessenen Zeitabständen wurden Proben entnommen und die Größe der Agglomerate unter dem Lichtmikroskop sofort gemessen. Die Agglomerate waren meist rund oder oval, so daß die Angabe ihrer Größe als Durchmesser kugelförmiger Teilchen als statthaft erscheint. Es wurden dann die Durchmesser der in der gleichen Zeit und unter denselben Bedingungen fallenden nicht agglomerierten Teilchen berechnet und mit den Agglomeraten dadurch verglichen, daß das Verhältnis der Durchmesser $D_A : D_T$ berechnet wurde. Dieses Verhältnis ist ein relatives Maß für die Agglomeration (siehe Tab. 18 bis 20). Wenn dieses Verhältnis konstant wäre, dann wäre die Korrektur der Rückstandskennlinien sehr einfach, man brauchte sie nur entsprechend diesem Verhältnis längs der Abszisse affin zu dehnen bzw. nur den Maßstab der Abszisse zu verändern. Aus den Versuchen geht jedoch hervor, daß die größeren Agglomerate verhältnismäßig mehr Flüssigkeit einschließen, was auch zu erwarten ist. Infolgedessen müßte die Dehnung der Abszissenwerte zwecks Korrektur der Rückstandskennlinien ungleichmäßig erfolgen. Man erkennt, daß dadurch die Differenzierung der Rückstandskennlinien z.B. für Titandioxyd A in polaren und unpolaren Lösungsmitteln größer wird.

Tabelle 17

Bestimmung der Agglomeratgröße von Titandioxyd Kronos A in Äthylacetat mit Hilfe der Andreasen-Pipette

Absetzzeit [min]	Agglomerat-⌀ in µ gemessen D_A	Teilchen-⌀ in µ berechnet D_T	$\frac{D_A}{D_T}$
2	55 - 70	20,4	3,1
5	45 - 55	13,2	3,8
7,5	25 - 30	11,1	2,4
10	9,5 - 15	9,6	1,3
20	6,7 - 9,5	6,8	1,2
30	6	5,5	1,1

Tabelle 18

Bestimmung der Agglomeratgröße von Titandioxyd Kronos A in Butylacetat mit Hilfe der Andreasen-Pipette

Absetzzeit [min]	Agglomerat-⌀ in µ gemessen	Teilchen-⌀ in µ berechnet	$\frac{D_A}{D_T}$
2	75 - 80	27,2	2,9
4	57 - 60	19,3	3,0
6	53 - 58	15,7	3,5
8	45 - 50	13,6	3,5
10	35 - 40	12,2	3,1
15	25 - 30	9,95	2,8

Tabelle 19

Bestimmung der Agglomeratgröße von Titandioxyd Kronos A
in Benzol mit Hilfe der Andreasen-Pipette

Absetzzeit [min]	Agglomerat-ø in µ gemessen D_A	Teilchen-ø in µ berechnet D_T	$\frac{D_A}{D_T}$
1	170	36,3	4,7
2	135	25,7	5,3
3	100	21,0	4,8
4	80	18,1	4,5
6	55-65	14,8	4,1
8	30-40	12,8	2,7
10	5-10	11,5	0,7

IV. Zusammenfassung

Der Agglomerationszustand trockener Pigmente wurde mit Hilfe des Stampfvolumens bestimmt. Ferner wurde der Agglomerationszustand einiger ausgewählter Pigmente in reinen Lösungsmitteln und binären Lösungsmittelgemischen durch Bestimmung der Sedimentvolumina untersucht. Die Wirkung eines Zusatzes von bestimmten Säuren in organischen Lösungsmitteln wurde geprüft.

Das Agglomerationsverhalten verschiedener Pigmente, suspendiert in reinen organischen Lösungsmitteln und verdünnten Bindemittellösungen, wurde mit Hilfe einer automatischen Sedimentationswaage untersucht und die Ergebnisse in Form von Rückstandskennlinien dargestellt. Es wurde der Einfluß von drei verschiedenen Dispergierungsarten untersucht und dabei festgestellt, daß die Dispergierung mit Ultraschall am wirksamsten war und allerdings nur dann eine Dauerwirkung besitzt, wenn in der Lösung stabilisierende hochmolekulare Stoffe vorhanden sind. Durch entsprechende Versuche wurde gezeigt, daß eine Entlüftung der Suspensionen durchaus notwendig ist. Der Einfluß eines Wassergehaltes des Pigments oder des Lösungsmittels wurde studiert. Die Agglomeration der Pigmente ist am stärksten, wenn sie in Flüssigkeiten suspendiert werden, welche mit Wasser nicht mischbar sind bzw. mit Wasser gesättigt sind, wogegen durch einen Zusatz von Wasser zu wasserverträglichen organischen Lösungsmitteln die Dispergierung der Pigmente noch verbessert werden kann.

Ferner wurde das Verhalten der Pigmente in Suspensionen mit reinen, polaren und unpolaren organischen Lösungsmitteln untersucht. Die Pigmente waren in unpolaren Lösungsmitteln wesentlich stärker agglomeriert, jedoch war die Agglomeration auch in den polaren Lösungsmitteln relativ stark.

Auch bei Gegenwart von Bindemitteln war der Einfluß der Polarität der Lösungsmittel unter den Bedingungen, bei denen die Versuche mit Bindemittellösungen (nur bei geringer Viskosität, daher bei geringer Bindemittelkonzentration) durchgeführt werden mußten, sehr deutlich.

Bei den Versuchen, welche mit Bindemittellösungen angestellt wurden, wurde insbesondere der Einfluß der Carboxyl-Gruppen studiert, indem solche hochmolekularen Stoffe herangezogen wurden, bei welchen die Säurezahl beliebig eingestellt werden konnte. Der Einfluß der Säurezahl auf den Agglomerationszustand der Pigmente und auf die Viskosität der Systeme war sehr ausgeprägt. Eine Säurezahl der hochmolekularen Stoffe bewirkte eine Verbesserung der Dispergierung.

An der experimentellen Durchführung der Arbeit waren die Herren Dr. GULPINAR und Dr. Anilkumar GHOSH maßgeblich beteiligt. Ihnen sei hiermit gedankt.

Dr. Robert Haug

Literaturverzeichnis

[1]	GARDNER, H.A.	Phys. and chem. Examinations etc., 11. Auflage (1950)
[2]	BECKER, E.A.	Farbenzeitung 38 (1933) 685-86
[3]	ASBECK, W.K. and M. van LOO	Ind.Eng.Chem. 41 (1949) 1470-75
[4]	HERDAN, G.	Small Particle Statistics S. 242, Elsevier Publ. Comp. 1953
[5]	ARNOLD, H. und E. GÖLZ	Kautschuk 1942 Nr. 4
[6]	ENDTER, F.	Kautschuk und Gummi 5 (1952) 17
[7]	STIEG, F.B. und D.F. BURNS	Off. Digest (1954) 695-706
[8]	HALLER, W.	Koll.Z. 46 (1928) 366-67
[9]	BLOM, A.V.	Koll.Z. 51 (1931) 186-90
[10]	HARKINS, W. und D.M. GANS	J.Phys.Chem. 36 (1932) 86-97
[11]	STEWART, B.F. und E.J. ROBERTS	Trans.Inst.Chem.Eng. 11 (1933) 124-41
[12]	JERMOLENKO, N.	Koll.Z. 72 (1935) 312-20
[13]	FREUNDLICH, H. und A.D. JONES	J.Phys.Chem. 40 (1936) 1217-36
[14]	MARDLES, E.W.	Trans. Faraday Soc. 38 (1942) 222-27
[15]	WOLF, K.L. und D. KUHN	Ang.Chem. 63 (1951) 277-80
[16]	WOLF, K.L. und R. KURTZ	Farbe und Lack 60 (1954) 483-90, 528-30

[17]	WOLF, K.L. und R. KURTZ	Ang.Chem. 66 (1954) 739-43
[18]	WOLF, K.L. und R. WOLFF	Koll.Z. 138 (1954) 108-09
[19]	WOLF, K.L., R. WOLFF und E. BISCHOFF	Deutsche Farbenzeitschrift 9 (1955) 377-87
[20]	WOLFF, R.	Koll.Z. 150 (1957) 71-80
[21]	WOLF, K.L.	Deutsche Farbenzeitschrift 13 (1959) 268-75
[22]	BISCHOFF, E.	Deutsche Farbenzeitschrift 13 (1959) 275
[23]	BISCHOFF, E.	Koll.Z. 168 (1960) S. 1-23
[24]	BACHMANN, D.	Dechema Monographien Bd. 31, S. 23-51
[25]	KASSNER, B.	Glas-Instrumententechnik 4 (1960) 274-80
[26]	SCHULTZE, K. und R. EHRENBERG	Koll.Z. 15 (1914) 183
[27]	HAUG, R.	Farbe und Lack 61 (1955) 460
[28]	HARKINS, W.D.	The physical chemistry of surface films, Reinh.Publ. Corp. NY (1952) 262-64
[29]	HARKINS, W.D.	l.c. S. 241
[30]	VOGEL, W.	Diss. Stuttgart 1958
[31]	HACKERMANN, N. und E.L. COOK	J.Phys. and Coll.Chem. 55 (1951) 549
[32]	HACKERMANN, N. und A.H. ROEBUSH	Ind.Eng.Chem. (1954) 1481
[33]	RECHMANN, H.	Vortrag auf dem 5. FATIPEC-Kongreß (28.9.59)

[34] BECKER, H.,　　　　　　　　　Deutsche Farbenzeitschrift 13 (1959) 431
      H. RECHMANN und
      P. TILLMANN

[35] SCHMID, G.　　　　　　　　　Dipl. Arbeit Stgt. 1958

[36] EICHBORN, J. von　　　　　　Koll.Z. 169 (1960) 41-57

FORSCHUNGSBERICHTE
DES LANDES NORDRHEIN-WESTFALEN

Herausgegeben
im Auftrage des Ministerpräsidenten Dr. Franz Meyers
von Staatssekretär Professor Dr. h. c., Dr. E. h. Leo Brandt

CHEMIE

HEFT 2
Prof. Dr. W. Fuchs †, Aachen
Untersuchungen über absatzfreie Teeröle
1952, 32 Seiten, 5 Abb., 6 Tabellen, DM 10,—

HEFT 6
Prof. Dr. W. Fuchs †, Aachen
Untersuchungen über die Zusammensetzung und Verwendbarkeit von Schwelteerfraktionen
1952, 36 Seiten, DM 10,50

HEFT 7
Prof. Dr. W. Fuchs †, Aachen
Untersuchungen über emsländisches Petrolatum
1952, 36 Seiten, 1 Abb., 17 Tabellen, DM 10,50

HEFT 16
Max-Planck-Institut für Kohlenforschung, Mülheim a. d. Ruhr
Arbeiten des MPI für Kohlenforschung
1953, 104 Seiten, 9 Abb., DM 17,80

HEFT 25
Gesellschaft für Kohlentechnik mbH, Dortmund-Eving
Struktur der Steinkohlen und Steinkohlen-Kokse
1953, 58 Seiten, DM 11,—

HEFT 30
Gesellschaft für Kohlentechnik mbH, Dortmund-Eving
Kombinierte Entaschung und Verschwelung von Steinkohle: Aufarbeitung von Steinkohlenschlämmen zu verkokbarer oder verschwelbarer Kohle
1953, 56 Seiten, 16 Abb., 10 Tabellen, DM 10,50

HEFT 36
Forschungsinstitut der Feuerfest-Industrie, Bonn
Untersuchungen über die Trocknung von Rohton, Untersuchungen über die technische Reinigung von Silika- und Schamotte-Rohstoffen mit chlorhaltigen Gasen
1953, 60 Seiten, 5 Abb., 5 Tabellen, DM 11,—

HEFT 42
Prof. Dr. B. Helferich, Bonn
Untersuchungen über Wirkstoffe — Fermente — in der Kartoffel und die Möglichkeit ihrer Verwendung
1953, 58 Seiten, 9 Abb., DM 11,—

HEFT 46
Prof. Dr. W. Fuchs †, Aachen
Untersuchungen über die Aufbereitung von Wasser für die Dampferzeugung in Benson-Kesseln
1953, 58 Seiten, 18 Abb., 9 Tabellen, DM 11,20

HEFT 55
Forschungsgesellschaft Blechverarbeitung e. V., Düsseldorf
Chemisches Glänzen von Messing und Neusilber
1954, 50 Seiten, 21 Abb., 1 Tabelle, DM 10,20

HEFT 57
Prof. Dr.-Ing. F. A. F. Schmidt, Aachen
Untersuchungen zur Erforschung des Einflusses des chemischen Aufbaues des Kraftstoffes auf sein Verhalten im Motor und in Brennkammern von Gasturbinen
1954, 70 Seiten, 32 Abb., DM 14,60

HEFT 58
Gesellschaft für Kohlentechnik mbH., Dortmund-Eving
Herstellung und Untersuchung von Steinkohlenschwelteer
1954, 74 Seiten, 9 Abb., 9 Tabellen, DM 13,75

HEFT 59
Forschungsinstitut der Feuerfest-Industrie e. V., Bonn
Ein Schnellanalysenverfahren zur Bestimmung von Aluminiumoxyd, Eisenoxyd und Titanoxyd in feuerfestem Material mittels organischer Farbreagenzien auf photometrischem Wege
Untersuchungen des Alkali-Gehaltes feuerfester Stoffe mit dem Flammenphotometer nach Riehm-Lange
1954, 52 Seiten, 12 Abb., 3 Tabellen, DM 11,60

HEFT 67
Heinrich Wösthoff oHG, Apparatebau, Bochum
Entwicklung einer chemisch-physikalischen Apparatur zur Bestimmung kleinster Kohlenoxyd-Konzentrationen
1954, 94 Seiten, 48 Abb., 2 Tabellen, DM 18,25

HEFT 87
Gemeinschaftsausschuß Verzinken, Düsseldorf
Untersuchungen über Güte von Verzinkungen
1954, 68 Seiten, 56 Abb., 3 Tabellen, DM 15,30

HEFT 88
Gesellschaft für Kohlentechnik mbH, Dortmund-Eving
Oxydation von Steinkohle mit Salpetersäure
Vergriffen

HEFT 108
Prof. Dr. W. Fuchs †, Aachen
Untersuchungen über neue Beizmethoden und Beizabwässer
I. Die Entzunderung von Drähten mit Natriumhydrid
II. Die Aufbereitung von Beizabwässern
*1955, 82 Seiten, 15 Abb., 14 Tabellen, 1 Falttafel
DM 15,25*

HEFT 121
Dr. H. Krebs, Bonn
I. Die Struktur und die Eigenschaften der Halbmetalle
II. Die Bestimmung der Atomverteilung in amorphen Substanzen
III. Die chemische Bindung in anorganischen Festkörpern und das Entstehen metallischer Eigenschaften
1955, 124 Seiten, 36 Abb., 13 Tabellen, DM 22,90

HEFT 128
Prof. Dr. O. Schmitz-DuMont, Bonn
Untersuchungen über Reaktionen in flüssigem Ammoniak
1955, 96 Seiten, 11 Abb., 6 Tabellen, DM 17,75

HEFT 132
Prof. Dr. W. Seith, Münster
Über Diffusionserscheinungen in festen Metallen
1955, 42 Seiten, 19 Abb., 4 Tabellen, DM 9,10

HEFT 133
Prof. Dr. E. Jenckel, Aachen
Über einen für Schwermetalle selektiven Ionenaustauscher
1955, 48 Seiten, 8 Abb., 13 Tabellen, DM 9,50

HEFT 134
Prof. Dr.-Ing. H. Winterhager, Aachen
Über die elektrochemischen Grundlagen der Schmelzfluß-Elektrolyse von Bleisulfid in gescholzenen Mischungen mit Bleichlorid
1955, 54 Seiten, 20 Abb., 5 Tabellen, DM 11,80

HEFT 139
Prof. Dr. W. Fuchs †, Aachen
Studien über die thermische Zersetzung der Kohle und die Kohlendestillatprodukte
1955, 64 Seiten, 20 Abb., 22 Tabellen, DM 11,80

HEFT 141
Dr. J. van Calker und Dr. R. Wienecke, Münster
Untersuchungen über den Einfluß dritter Analysenpartner auf die spektrochemische Analyse
1955, 42 Seiten, 15 Abb., DM 9,10

HEFT 149
Dr.-Ing. K. Konopicky und Dipl.-Chem. P. Kampa, Bonn
I. Beitrag zur flammenphotometrischen Bestimmung des Calciums
Dr.-Ing. K. Konopicky, Bonn
II. Die Wanderung von Schlackenbestandteilen in feuerfesten Baustoffen
1955, 54 Seiten, 10 Abb., 5 Tabellen, DM 11,—

HEFT 160
Prof. Dr. W. Klemm, Münster
Über neue Sauerstoff- und Fluor-haltige Komplexe
1955, 50 Seiten, 13 Abb., 7 Tabellen, DM 10,80

HEFT 166
Prof. Dr. M. v. Stackelberg, Dr. H. Heindze, Dr. H. Hübschke und Dr. K. H. Frangen, Bonn
Kolloidchemische Untersuchungen
1955, 106 Seiten, 8 Abb., 13 Tabellen, DM 21,25

HEFT 169
Forschungsinstitut für Pigmente und Lacke, Stuttgart
Arbeiten über die Bestimmung des Gebrauchswertes von Lackfilmen durch physikalische Prüfungen
1955, 70 Seiten, 23 Abb., 4 Tabellen, DM 15,—

HEFT 178
Prof. Dr. M. v. Stackelberg und Dr. W. Hans, Bonn
Untersuchungen zur Ausarbeitung und Verbesserung von polarographischen Analysenmethoden
1955, 46 Seiten, 14 Abb., DM 10,50

HEFT 190
Prof. Dr. A. Neuhaus, Prof. Dr. O. Schmitz-DuMont und Dipl.-Chem. H. Reckhard, Bonn
Zur Kenntnis der Alkalititanate
1955, 60 Seiten, 13 Abb., 1 Tabelle, DM 12,20

HEFT 193
Prof. Dr. O. Schmitz-DuMont, Bonn
Untersuchungen über neue Pigmentfarbstoffe
1956, 50 Seiten, 16 Abb., 8 Tabellen, DM 11,20

HEFT 205
Dr. C. Schaarwächter, Düsseldorf
Über plastische Kupfer-Eisen-Phosphor-Legierungen
1956, 36 Seiten, 10 Abb., 10 Tabellen, DM 8,30

HEFT 219
Prof. Dr. W. Fuchs †, Aachen
Untersuchungen zur Holzabfallverwertung und zur Chemie des Lignins
1955, 54 Seiten, 11 Abb., 15 Tabellen, DM 11,40

HEFT 220
Prof. Dr. W. Fuchs †, Aachen
Die Entwicklung neuer Regel- und Kontroll-Apparate zur coulometrischen Analyse
1956, 76 Seiten, 17 Abb., 23 Tabellen, DM 15,50

HEFT 228
Prof. Dr. F. Wever, Dr. W. Koch, Düsseldorf, und Dr. B. A. Steinkopf, Dortmund
Spektrochemische Grundlagen der Analyse von Gemischen aus Kohlenmonoxyd, Wasserstoff und Stickstoff
1956, 42 Seiten, 18 Abb., 1 Tabelle, DM 9,90

HEFT 229
Prof. Dr. F. Wever, Dr. W. Koch und Dr.-Ing. H. Malissa, Düsseldorf
Über die Anwendung disubstituierter Dithiocarbamate der analytischen Chemie
1956, 44 Seiten, 30 Abb., 5 Tabellen, DM 10,50

HEFT 270
Prof. Dr. rer. nat. H. Krebs,
Dipl.-Chem. Dr. rer. nat. J. Diewald,
Dipl.-Chem. Dr. rer. nat. R. Rasche und
Dipl.-Chem. Dr. rer. nat. J. A. Wagner, Bonn
Die Trennung von Racematen auf chromatographischem Wege
1956, 62 Seiten, 18 Tabellen, DM 12,95

HEFT 282
Bergrat a. D. F. Scherer, Bochum
Das B. T.-Schwelverfahren und seine Anwendung auf der Anlage Marienau
1956, 44 Seiten, 7 Abb., DM 9,60

HEFT 287
Prof. Dr.-Ing. habil. K. Krekeler, Aachen
Änderungen der mechanischen Eigenschaftswerte thermoplastischer Kunststoffe bei Beanspruchung in verschiedenen Medien
1956, 62 Seiten, 23 Abb., 5 Tabellen, DM 13,70

HEFT 297
Dr. phil. C. Schaarwächter und
Dr. rer. nat. W. Schaarwächter, Düsseldorf
Die Reduktion von Siliziumtetrachlorid im Lichtbogen zur nachfolgenden Silizierung von Eisenblechen
1958, 22 Seiten, 12 Abb., 1 Tabelle, DM 8,20

HEFT 303
Prof. Dr.-Ing. S. Kiesskalt, Aachen
Das Institut der Forschungsgesellschaft Verfahrenstechnik e. V. an der Technischen Hochschule Aachen
1956, 76 Seiten, 20 Abb., 3 Tabellen, DM 16,50

HEFT 309
Prof. Dr. K. Cruse, Dipl.-Phys. B. Ricke und
Dipl.-Phys. R. Huber, Clausthal-Zellerfeld
Aufbau und Arbeitsweise eines universell verwendbaren Hochfrequenz-Titrationsgerätes
1957, 48 Seiten, 29 Abb., DM 11,90

HEFT 321
Prof. Dr. F. Wever, Düsseldorf, und
Dr. W. Wepner, Köln
Gleichzeitige Bestimmung kleiner Kohlenstoff- und Stickstoffgehalte im α-Eisen durch Dämpfungsmessung
1956, 30 Seiten, 3 Abb., 4 Tabellen, DM 6,80

HEFT 327
Prof. Dr.-Ing. habil. K. Krekeler und
Dr.-Ing. H. Peukert, Aachen
Beitrag zur thermoelastischen Formbarkeit von Polyäthylen
1956, 56 Seiten, 49 Abb., 9 Tabellen, DM 12,80

HEFT 367
Dr. rer. nat. D. Horstmann, Düsseldorf
Der Angriff eisengesättigter Zinkschmelzen auf kohlenstoff-, schwefel- und phosphorhaltiges Eisen
1957, 52 Seiten, 22 Abb., 6 Tabellen, DM 12,85

HEFT 372
Prof. Dr. phil. M. v. Stackelberg, Bonn
Untersuchungen zur Ausarbeitung und Verbesserung von polarographischen Analysenmethoden. 2. Bericht
1957, 44 Seiten, 9 Abb., 7 Tabellen, DM 10,10

HEFT 400
Prof. Dr. phil. W. Fuchs † und
Dr. rer. nat. H. Weyerstrass, Aachen
Entwicklung eines Heißfilters zur Reinigung von Gichtgas eines mit Kohle betriebenen Niederschachtofens
1958, 88 Seiten, 30 Abb., DM 20,20

HEFT 401
Prof. Dr.-Ing. M. Lipp und
Dipl.-Chem. G. Frielingsdorf, Aachen
Darstellung reaktionsfähiger Verbindungen des Camphansystems und Versuche zu deren Fluorierung
1957, 84 Seiten, DM 17,—

HEFT 406
W. Kirsch, Chemieprodukte GmbH.,
Leverkusen-Rheindorf
Entwicklungsarbeiten auf dem Gebiet des Korrosionsschutzes und der Abdichtung
1957, 76 Seiten, 28 Abb., 11 Tabellen, DM 19,—

HEFT 409
Prof. Dr. phil. F. Wever, Dr. phil. W. Koch,
Dr. rer. nat. Ch. Ilschner-Gensch und
Dipl.-Phys. H. Rohde, Düsseldorf
Das Auftreten eines kubischen Nitrids in aluminiumlegierten Stählen
1957, 38 Seiten, 12 Abb., 3 Tabellen, DM 10,10

HEFT 463
Dipl.-Ing. G. Plüss, Essen-Steele
Die Aufteilung der verbrennlichen Bestandteile in Verbrennungsgasen auf CO und H_2 bei Verbrennung mit Luftunterschuß und bei Luftüberschuß und künstlicher Flammenkühlung
1957, 34 Seiten, 7 Abb., 2 Tabellen, DM 8,40

HEFT 485
Prof. Dr. phil. E. Jenckel, Aachen Dr. H. Wilsing, Dormagen, Dr. H. Dörffurt, Wesseling (Bez. Köln), und Dipl.-Phys. H. Rinkens, Eschweiler
Kristallisation der Hochpolymeren
1958, 50 Seiten, 20 Abb., DM 15,70

HEFT 491
Prof. Dr. Fr. Lotze, Münster, und K. Kötter, Essen
Chloridgehalte des oberen Emsgebietes und ihre Beziehungen zur Hydrogeologie
1958, 194 Seiten, 37 Abb., 17 Tabellen, DM 50,80

HEFT 495
Prof. Dr. phil. Dipl.-Ing. E. Asmus und
Dr. rer. nat. H.-F. Kurandt, Berlin
Einige analytische Anwendungen der Zincke-Königschen Reaktion
1958, 34 Seiten, 14 Abb., 7 Tabellen, DM 11,45

HEFT 503
Dr. rer. nat. J. Faßbender, Bonn
Untersuchungen über die Eigenschaften von Cadmiumsulfid-Sandwich-Zellen
1957, 36 Seiten, 8 Abb., DM 8,80

HEFT 515
Prof. Dr. phil. habil. H. E. Schwiete und
Dr.-Ing. Chr. Hummel, Aachen
Thermochemische Untersuchungen im System SiO_2 und Na_2O-SiO_2
1958, 110 Seiten, 29 Abb., 28 Tabellen, DM 28,—

HEFT 525
Prof. Dr. Dr. h. c. H. P. Kaufmann und
Dr. F. Wegborst, Münster
Beiträge zur Chemie und Technologie der Fetthärtung I
1958, 106 Seiten, 26 Abb., 14 Tabellen, DM 26,80

HEFT 540
Prof. Dr. rer. nat. H. Krebs, Bonn
Die katalytische Aktivierung des Schwefels
1958, 64 Seiten, 9 Abb., 4 Tabellen, DM 18,30

HEFT 541
Prof. Dr. O. Schmitz-DuMont, Bonn
Reaktionen in flüssigem Ammoniak zur Gewinnung von 1. Titanylamid, 2. Oxykobalt (III)-amiden, 3. Ammonobasischen Kobalt (III)-benzylaten
1958, 56 Seiten, 11 Abb., DM 16,80

HEFT 568
Prof. Dr. Dr. h. c. Dr. E. h. Alder†,
Dipl.-Chem. M. Dollhausen und
Dipl.-Chem. M. Fremery, Köln
Über einige neue Reaktionen des Indens
1958, 64 Seiten, 14 Abb., DM 19,50

HEFT 575
Prof. Dr. phil. habil. C. Kröger, Aachen
Verkokungsverhalten der Steinkohlenmacerale und ihrer Mischungen
1958, 58 Seiten, 18 Abb., 19 Tabellen, DM 18,70

HEFT 576
Prof. Dr. F. Micheel und Dr. H. G. Bussmann, Münster
Untersuchung synthetischer Kohlenhydrat-Eiweißverbindungen mit der Ultracentrifuge bei der Elektrophorese
1958, 146 Seiten, 63 Abb., 13 Tabellen, DM 37,10

HEFT 580
Prof. Dr.-Ing. A. Götte und Dr.-Ing. G. Scholz, Aachen
Unterstützung der Entwässerung von Feinkohle durch chemische Hilfsmittel
1958, 246 Seiten, 28 Abb., zahlr. Tabellen, DM 52,50

HEFT 599
Prof. Dr. phil. habil. C. Kröger, Aachen
Wärmebedarf der Silikatglasbildung
1958, 66 Seiten, 5 Abb., 28 Tabellen, DM 18,70

HEFT 645
Dr.-Ing. W. Kleinlein, Aachen
Das Fließverhalten dispers-plastischer Massen im Walzspalt
1958, 56 Seiten, 24 Abb., 1 Tabelle, DM 15,—

HEFT 653
Prof. Dr. K. Hamann und Dr. W. Funke, Stuttgart
Die Schutzwirkung organischer Inhibitoren in wäßriger Lösung gegenüber Eisen
1958, 72 Seiten, 31 Abb., DM 18,70

HEFT 656
Prof. Dr. E. Jenckel und Dr. H. Huhn, Aachen
Das Verkleben von Aluminium mit carboxylsubstituierten Polystyrolen
1958, 42 Seiten, 16 Abb., 3 Tabellen, DM 11,60

HEFT 666
Prof. Dr.-Ing. K. Krekeler, Dr.-Ing. H. Peukert und Dipl.-Ing. B. Frerichmann, Aachen
Die Infraroterwärmung an thermoplastischen Kunststoffen
1959, 82 Seiten, 77 Abb., 5 Tabellen, DM 22,60

HEFT 685
Prof. Dr. A. Dietzel, Prof. Dr. H. Jagodzinski und Dr. H. Scholze, Würzburg
Untersuchungen an technischem Siliziumcarbid
1959, 42 Seiten, 5 Abb., 9 Tabellen, DM 11,60

HEFT 704
Prof. Dr. phil. W. Koch, Düsseldorf, Dr. rer. nat. Chr. Ilschner-Gensch, Essen, und Dr. rer. nat. A. Khan, Bangalore (Indien)
Das Verhalten des Phosphors bei der Isolierung
1958, 28 Seiten, 17 Abb., 5 Tabellen, DM 8,90

HEFT 709
Doz. Dr. K.-D. Gundermann unter Mitarbeit von Dr. R. Thomas, Dipl.-Chem. G. Holtmann, Dipl.-Chem. R. Huchting und Dipl.-Chem. H. Rose, Münster (Westf.)
Synthesen mit ε-Chlor-acrylsäure-Derivaten
1959, 82 Seiten, 7 Abb., 11 Tabellen, DM 20,50

HEFT 710
Prof. Dr. phil. M. v. Stackelberg, Bonn
Untersuchungen zum Stoffwechsel der Augenlinse
1959, 40 Seiten, 10 Abb., DM 11,50

HEFT 711
Dr.-Ing. K. Alberti, Köln
Einfluß der chemischen Zusammensetzung des Anmachewassers auf die Festigkeit von Kalkmörteln
1959, 50 Seiten, 4 Abb., 20 Tabellen, DM 13,10

HEFT 727
Prof. Dr. phil. habil. C. Kröger, Aachen
Eigenschaften und chemische Konstitution der Steinkohlenmacerale
1959, 60 Seiten, 27 Abb., 16 Tabellen, DM 16,20

HEFT 780
Prof. Dr. phil. F. Wever, Düsseldorf
Untersuchungen von Walzölen und Walzölemulsionen im Kaltwalzversuch
1959, 68 Seiten, 28 Abb., mehr. Tabellen, DM 18,50

HEFT 807
Dipl.-Chem. K.-H. M. Tillwich, Aachen
Darstellung fluorierter Camphanverbindungen
1960, 51 Seiten, 6 Abb., DM 15,—

HEFT 821
Dr. rer. nat. H. Berge und Dr. rer. nat. H. Dahmen, Agrikulturchemisches Institut Heiligenhaus
Die Anwendungsmöglichkeiten der chemischen Luft- und Pflanzenanalyse zur Beurteilung industrieller Immissionen
1959, 58 Seiten, 19 Abb., DM 16,40

HEFT 843
Dipl.-Chem. W. Schmidt, Dipl.-Chem. E. Köhler und Dipl.-Ing. W. Schmidt
Flammenspektrometrische Alkalibestimmung im Korund
1960, 13 Seiten, 2 Abb., 1 Tabelle, DM 5,50

HEFT 858
Baudirektor W. Triebel, Viersen, und Dipl.-Ing. R. Nowak, Frankfurt a. M.
Herstellung von Schmelzphosphat-Dünger bei hygienischer Aufbereitung und Vernichtung von Stadtmüll
1960, 40 Seiten, 4 Abb., 12 Tabellen, DM 11,50

HEFT 863
Prof. Dr. habil. C. Kröger, Aachen
Das elektrische und Wärme-Leitvermögen von Glasmengen und Glasschmelzen
1960, 59 Seiten, 39 Abb., 12 Tabellen, DM 17,80

HEFT 866
Prof. Dr. F. Micheel und Dr. W. Heinemann, Münster (Westf.)
Eine neuartige Apparatur zur Hochspannungs-Papierelektrophorese
1960, 15 Seiten, 13 Abb., DM 6,70

HEFT 880
Prof. Dr. K. H. Hellwege und Dr. W. Knappe, Darmstadt
Die Festigkeit thermoplastischer Kunststoffe in Abhängigkeit von den Verarbeitungsbedingungen
1960, 63 Seiten, 30 Abb., 8 Tabellen, DM 18,90

HEFT 884
Dr. H. van Haut und Dr. H. Stratmann, Essen-Bredeney
Experimentelle Untersuchungen über die Wirkung von Schwefeldioxyd auf die Vegetation
1960, 64 Seiten, 27 Abb., 1 Tabelle, DM 18,80

HEFT 932
Prof. Dr. E. Jenckel † und Dr. A. Nogaj, Dormagen, Bayerwerk
Die anomale Diffusion in dem System Polystyrol-Toluol
1961, 42 Seiten, 27 Abb., 3 Tabellen, DM 13,50

HEFT 999
Prof. Dr. F. Lotze u. a., Geologisch-Paläontologisches Institut der Universität Münster (Westf.)
Hydrogeologie des Westteils der Ibbenbürener Karbonscholle
in Vorbereitung

HEFT 1001
Dipl.-Phys. Dr. rer. nat. G. Langner, Institut für Elektronenmikroskopie an der Medizin. Akademie, Düsseldorf
Die Informationsübertragung bei der Mikroskopie mit Röntgenstrahlen
1961, 126 Seiten, 7 Abb., DM 37,—

HEFT 1015
Dr.-Ing. K. Konopicky, Dipl.-Chem. E. K. Köhler, Forschungsinstitut der Feuerfest-Industrie, Düsseldorf
Die Veränderung der keramisch-technologischen Eigenschaften und des Mineralaufbaues verschiedener Töne beim Brennen

HEFT 1046
Dr. R. Haug, Forschungsinstitut für Pigmente und Lacke e. V., Stuttgart
Die Bestimmung des Agglomerationszustandes von trockenen und dispergierten Pigmenten und dessen Zusammenhang mit anwendungstechnischen Eigenschaften

HEFT 1051
Dipl.-Ing. A. Puck, cand. ing. H. Bossel, cand. ing. W. Heit, Deutsches Kunststoff-Institut, Darmstadt
Festigkeit und Steifigkeit von Papierwaben bei Druck- und Schubbeanspruchung
in Vorbereitung

Ein Gesamtverzeichnis der Forschungsberichte, die folgende Gebiete umfassen, kann bei Bedarf vom Verlag angefordert werden:
Acetylen / Schweißtechnik - Arbeitswissenschaft - Bau / Steine / Erden - Bergbau - Biologie - Chemie - Eisenverarbeitende Industrie - Elektrotechnik / Optik - Fahrzeugbau / Gasmotoren - Farbe / Papier / Photographie - Fertigung - Funktechnik / Astronomie - Gaswirtschaft - Hüttenwesen / Werkstoffkunde - Kunststoffe - Luftfahrt / Flugwissenschaften - Maschinenbau - Medizin / Pharmakologie - NE-Metalle - Physik - Schall / Ultraschall - Schiffahrt - Textiltechnik / Faserforschung / Wäschereiforschung - Turbinen - Verkehr - Wirtschaftswissenschaft.

If you have any concerns about our products,
you can contact us on
ProductSafety@springernature.com

In case Publisher is established outside the EU,
the EU authorized representative is:
Springer Nature Customer Service Center GmbH
Europaplatz 3, 69115 Heidelberg, Germany

Printed by Libri Plureos GmbH
in Hamburg, Germany